走向碳中和

CCUS 技术与商业价值浅析

曲顺利　李　琳　著

中国商业出版社

图书在版编目（CIP）数据

走向碳中和 ： CCUS技术与商业价值浅析 / 曲顺利，李琳著. -- 北京 ： 中国商业出版社，2025.6
ISBN 978-7-5208-2736-2

Ⅰ. ①走… Ⅱ. ①曲… ②李… Ⅲ. ①二氧化碳－节能减排－研究－中国 Ⅳ. ①X511

中国国家版本馆CIP数据核字(2023)第230333号

责任编辑：朱丽丽

中国商业出版社出版发行
(www.zgsycb.com 100053 北京广安门内报国寺1号)
总编室：010-63180647 编辑室：010-63033100
发行部：010-83120835/8286
新华书店经销
北京虎彩文化传播有限公司印刷

*

710毫米×1000毫米 16开 17.25印张 250千字
2025年6月第1版 2025年6月第1次印刷
定价：68.00元

* * * *

（如有印装质量问题可更换）

前　言

随着经济全球化进程的不断推进和社会成员生活质量的显著提升，能源消费需求的持续攀升与有限资源供给之间的矛盾日益凸显。国际能源署（IEA）预测显示，2021—2040 年全球能源需求总量将保持年均 1.3% 的增长率，其中新兴经济体占比将突破 70%。与此同时，全球性能源短缺与生态环境恶化问题已构成制约人类社会可持续发展的重大挑战。世界卫生组织（WHO）最新环境质量评估报告指出，化石能源过度使用导致的大气污染物排放量已超过环境承载阈值的 38%，直接威胁着全球 75% 以上人口的生存环境。这种“能源－环境”双重危机客观上要求我们必须重新审视传统能源利用模式，亟须构建新型能源管理体系以实现发展模式的根本性变革。

随着全球对气候变化的担忧不断升温，碳中和成为实现可持续未来的核心策略。本书深入探讨了碳中和的现状和重要性，通过分析国际能源署最新报告指出的“全球能源行业需在 2050 年前实现净零排放”的严峻形势，揭示碳中和技术革命的紧迫性。着重关注碳捕获、利用与储存（CCUS）技术领域，系统阐述其在钢铁、水泥等重工业领域的技术突破，以及模块化碳捕集装置在电力行业的创新应用。通过德国巴斯夫碳捕集工厂、中国鄂尔多斯煤化工 CCUS 示范工程等典型案例，论证这一技术如何创造商业价值，包括碳交易市场机制下的经济收益、政策补贴形成的成本优势，以及低碳产品带来的市场竞争溢价。同时结合欧盟碳边境调节机制（CBAM）等国际贸易规则演变，剖析企业走向碳中和的演变路径，揭示从被动减排到主动构建碳资产管理体系的企业转型逻辑。

气候变化是21世纪人类面临的最严峻挑战之一。自工业革命以来，人类活动导致的温室气体排放急剧增加，尤其是二氧化碳（CO_2）的排放，直接导致了全球气温上升。根据联合国政府间气候变化专门委员会（IPCC）的报告，全球平均气温比工业化前水平上升了约1.1℃。如果不采取紧急行动，全球气温可能会在21世纪末上升超过2℃，甚至达到3℃以上，这将带来灾难性的后果，包括极端天气事件频发、海平面上升、生态系统崩溃以及粮食和水资源短缺等问题。

碳中和指通过综合策略和技术手段，使人类活动产生的碳排放总量与碳吸收、减排量相等，最终达成净零碳排放或“零碳”目标。其核心在于通过等量中和或转化有害温室气体，有效控制气候变化进程。

从基本概念看，碳中和体现排放源与吸收汇的动态平衡，涵盖人工造林、碳捕集技术等补偿机制。狭义层面特指二氧化碳排放量与清除量的中和，广义则包含甲烷等全部温室气体。作为全球气候治理的核心目标，其本质是最大限度降低人类活动对气候系统的扰动。

碳中和的达成将引发能源体系系统性变革，推动化石能源向可再生能源转型。这种转变不仅涉及能源结构调整，更将重塑产业格局、驱动技术创新、改变社会行为模式。实现该目标需要国际协作机制支撑，通过政策法规引导、市场机制激励，促进经济社会全面向绿色低碳模式转型。

碳中和技术成为解决气候危机的关键组成部分。这一领域的不断创新和发展不仅是实现碳减排目标的途径，更是推动社会向更可持续未来迈进的关键引擎。目前，碳中和技术主要包括以下三个方面。

1. **清洁能源技术**

清洁能源技术是减少碳排放的重要手段。太阳能和风能的大规模应用，可以替代传统的煤炭和石油能源，从而减少碳排放。核能作为一种低碳排放的能源，也在全球范围内得到了广泛应用。

2. 碳捕获、利用与封存（CCUS）技术

CCUS 技术通过捕获工业排放的二氧化碳并将其安全储存在地下，或者将其转化为高值化学品与燃料，减少大气中的温室气体。碳利用技术将捕获的二氧化碳用于生产化学品、建材等，实现碳的循环利用。

3. 生态系统保护与恢复

生态系统保护与恢复是增加碳吸收的重要途径。通过阻止森林砍伐和进行大规模的森林再生项目，可以增加树木吸收二氧化碳的能力。湿地保护也有助于增强其作为碳汇的功能，减缓温室气体排放。

CCUS 技术是实现碳中和目标的关键工具之一。通过捕获工业和能源生产中的二氧化碳，将其长期储存于地下或利用于产业过程，有望在大幅度减少温室气体排放的同时支持经济发展。

全球范围内，CCUS 技术的应用正在逐步扩大。各国政府和企业在 CCUS 技术的研发和商业化方面投入了大量资源。例如，挪威的 Sleipner 项目、美国的 Petra Nova 项目以及加拿大的 Boundary Dam 项目都是 CCUS 技术成功应用的典范。这些项目不仅展示了 CCUS 技术的可行性，还为全球 CCUS 技术的发展提供了宝贵的经验。

中国近年来在 CCUS 技术方面也取得了显著进展。中国政府将 CCUS 技术纳入其气候变化和环境政策中，并在一些示范项目上进行了投资和支持。例如，大庆 CCUS 项目和山东碳捕获与封存示范项目都是中国在 CCUS 领域的积极探索。这些项目的成功实施不仅有助于减少中国的碳排放，还为全球 CCUS 技术的发展提供了重要的参考。

CCUS 技术不仅具有环境效益，还具有显著的商业价值。通过捕获和封存二氧化碳，企业可以获得碳配额，从而参与碳交易，并通过碳信用交易实现经济效益。此外，CCUS 技术的推广将促进新兴产业的发展，如碳捕获设备制造、储存技术、运输系统等，为企业提供了拓展业务领域的机会。

未来，CCUS 技术的发展将集中在技术创新、能源消耗优化、碳利用和循环经济、模块化和智能化、规模效应和示范项目、国际合作与标准化等方面。通过持续的技术创新和政策支持，CCUS 技术有望在全球范围内得到广泛应用，为实现碳中和目标作出重要贡献。

目　录

第一章

碳中和的概念、挑战与实现路径

第一节 碳中和的概念

一、碳中和的定义与内涵

碳中和（Carbon Neutrality）是指通过系统性减排、碳汇增容及负排放技术等手段，使人类活动产生的温室气体排放量与自然生态系统或人工技术手段吸收的二氧化碳总量达到动态平衡，最终实现“净零碳排放”（Net Zero Emissions）。这一概念的核心在于通过科学干预，将人为排放的碳重新纳入地球碳循环的闭环中，从而遏制大气中温室气体浓度的持续攀升。具体实施路径包含能源结构转型（如发展风电、光伏等可再生能源）、工业流程再造（如钢铁行业氢能炼钢技术）、交通电气化改造以及碳捕集、利用与封存（CCUS）等技术创新体系。

这一概念源于国际社会应对气候变化的集体行动，强调经济增长与环境保护之间的动态平衡关系。

其内涵包含三个维度：在时间框架上需明确实现路径与达标期限，空间维度涉及跨国界的责任分配与技术协作，主体层面则涵盖政府、企业、社会组织及个人的共同参与。全球已有 130 多个国家承诺碳中和目标，《巴黎协定》设定了 21 世纪下半叶实现净零排放的总体框架，中国提出的“双碳”目标更将碳中和发展为涵盖能源革命、产业转型、生态治理的系统性工程。

从科学视角看，碳中和的本质是重构地球碳循环的平衡。工业革命前，地球的碳循环系统通过光合作用、海洋吸收和地质沉降等自然过程维持动态平衡。然而，自19世纪以来，化石燃料的大规模使用导致人为碳排放量激增。根据IPCC（联合国政府间气候变化专门委员会）的数据，2020年全球人为碳排放量达到约380亿吨CO_2当量，而自然碳汇（如森林、海洋）的年吸收量仅约120亿吨CO_2当量，导致每年约260亿吨的碳赤字。碳中和的目标正是通过技术、政策和市场手段平衡这一赤字。例如，欧盟实施的碳边境调节机制（CBAM）通过国际贸易规则倒逼减排，中国建设的全球最大碳市场则运用价格信号引导企业低碳转型，这些制度创新与光伏组件成本10年下降90%的技术突破形成协同效应。

当前全球已有136个国家承诺碳中和目标，覆盖88%的碳排放区域。根据《巴黎协定》要求的1.5℃温控目标，全球需在2070年前实现负碳排放。值得注意的是，不同国家的碳中和路径存在显著差异：发达国家侧重能源替代与能效提升，发展中国家则需统筹经济增长与排放控制。中国作为最大的发展中国家，承诺从碳达峰到碳中和的过渡期仅30年，为此规划了“双碳”政策体系，涵盖新型电力系统构建、绿色金融激励机制和生态系统碳汇能力提升等系统性方案。

在实践层面，碳中和的实现路径可分为以下三大系统性维度。

减排优先：通过能源结构转型（如可再生能源替代化石能源，重点发展光伏、风电、核电等清洁能源体系）、能效提升（如工业节能技术改造，推广余热回收、智能电网等关键技术）和过程革新（如低碳生产工艺优化，在钢铁冶炼领域采用氢能还原技术，在水泥生产环节实施碳捕集）直接减少碳排放源。

碳移除：通过生物碳汇（如森林保育、海洋蓝碳、土壤固碳等生态系统修复工程）和工程手段［如碳捕集、利用和封存（CCUS）技术在火电厂的应用，直接空气捕集装置（DAC）的大规模商业化部署］构建多层次的碳吸收网络，特别需要关注红树林、泥炭地等高碳汇生态系统的保护性开发。

碳抵消：通过全国碳交易市场和国际碳信用机制（如VERRA标准）

购买优质碳信用，定向支持偏远地区沼气发电、荒漠化防治等具有额外性的减排或增汇项目，建立可核查的碳排放抵消闭环体系，同时防范碳泄漏风险。

值得注意的是，碳中和并非要求“零排放”，而是强调“动态净零”。这意味着在航空燃料、化工原料等难以完全脱碳的关键领域，可通过生物质能源耦合碳捕集（BECCS）技术形成负排放，或通过跨境碳汇交易机制对剩余排放进行精准核算与抵消。同时需要建立MRV（可测量、可报告、可核查）体系，确保碳移除量的真实性和永久性，防范碳逆转风险。

二、碳中和的科学基础

碳中和的科学依据源于地球系统科学和气候模型研究的系统性成果。根据《巴黎协定》195个缔约方共同签署的温控目标，若要将全球升温控制在1.5℃以内（较工业化前水平），全球需在2050年前实现碳中和；若目标放宽至2℃，则实现期限可延后至2070年。这一结论基于以下关键科学发现。

碳预算理论：人类可排放的CO_2总量存在严格的地球化学约束。IPCC第六次评估报告测算，为实现1.5℃目标，全球剩余碳预算仅为4000亿吨CO_2（截至2020年，置信区间67%）。按当前年排放量约360亿吨计算，这一预算将在8年内耗尽，若考虑甲烷等其他温室气体，时间窗将缩短至6.3年。

碳循环失衡：2023年夏威夷监测站数据显示大气中CO_2浓度已突破420ppm。过量CO_2导致海洋酸化（表层海水pH下降0.1，相当于酸度增加30%）和陆地生态系统碳汇功能衰退，具体表现为亚马孙流域干旱季延长42%，北方森林火灾频率提升至每十年4.7次。

气候临界点：《自然》（*Nature*）刊载的临界点（tipping elements）研究表明，全球升温超过1.5℃可能触发格陵兰冰盖消融（年损失冰量达

2790亿吨）、亚马孙雨林退化（34%面积面临草原化风险）等16个不可逆的临界点事件，这些正反馈机制将使气候危机呈现指数级恶化特征。

碳中和的实现需依托多学科交叉创新形成的协同效应。例如，生态学为碳汇评估提供方法论支撑（如激光雷达遥感监测森林碳储量，精度达±12吨/公顷），材料科学推动低碳技术突破（如钙钛矿光伏电池实验室效率突破33.7%），而经济学通过边际减排成本曲线和动态随机一般均衡模型为碳定价机制设计提供理论支撑。工程学创新则体现在碳捕集系统（如挪威Sleipner项目年封存百万吨级CO_2）和智能电网技术［德国信息化能源（E-Energy）项目实现89%波动性可再生能源接入］等实际应用场景。

三、碳中和的技术路径

碳中和的技术体系是一个多层级、跨领域的复杂系统，主要涵盖以下方向。

（一）能源系统脱碳

可再生能源规模化：光伏和风电成本10年间分别下降89%和70%，2022年全球新增装机量达350GW（光伏）和100GW（风电）。中国青海省建成全球最大风光储一体化基地，集成400万千瓦光伏、200万千瓦风电及200万千瓦时储能系统，年发电量可满足4000万家庭用电需求。国际可再生能源署数据显示，全球光伏组件转换效率已突破23%，双面双玻组件市场占比超65%。

核能创新：第四代核反应堆（如钠冷快堆、熔盐堆）可将核废料减少90%，中国石岛湾高温气冷堆实现商业化运行，发电效率达45%。法国阿海珐集团开发的钠冷快堆示范堆已完成临界试验，单堆功率达1500MW。国际原子能机构预测，到2040年先进核能技术将贡献全球12%的清洁电力。

氢能经济：绿氢（通过可再生能源电解水制取）成本已降至3美元/

千克，德国“氢能战略”计划 2030 年前建成 5GW 电解槽产能，替代 10% 的天然气需求。日本川崎重工研发的液氢运输船已实现 -253℃超低温储运技术突破，单船运载量达 12.5 万立方米。全球在建氢能冶金项目已达 47 个，预计 2030 年可减少钢铁行业碳排放 15 亿吨。

（二）工业过程革新

碳捕集与利用（CCU）：挪威 Equinor 公司利用捕集的 CO_2 合成甲醇，年产量达 10 万吨，碳转化率超 90%。该项目采用氨基吸收-膜分离复合技术，捕集能耗较传统工艺降低 40%。全球首个万吨级 CO_2 制航空燃料项目将于 2025 年在荷兰投运。

氢基冶金：瑞典 HYBRIT 项目通过氢能直接还原铁矿石，使钢铁生产碳排放下降 95%，首座试验工厂于 2021 年投产。其竖炉反应器采用等离子体辅助加热技术，将还原时间缩短至传统工艺的 1/3，吨钢氢耗控制在 55 千克以下。

低碳水泥：美国 Solidia 公司开发新型水泥配方，生产过程中 CO_2 排放减少 30%，并可吸收 CO_2 进行硬化。该技术采用硅酸钙石替代传统硅酸盐矿物，养护阶段通过碳化反应形成方解石结构，28 天抗压强度达 45MPa。

（三）生态系统修复

森林碳汇：中国“三北防护林”工程累计造林 3000 万公顷，年固碳量达 2.5 亿吨；巴西通过卫星监控技术将亚马孙雨林砍伐率降低 70%。美国航空航天局卫星监测显示，全球森林碳汇能力每年吸收 26 亿吨 CO_2，相当于化石燃料排放量的 30%。

蓝碳系统：红树林、海草床等海洋生态系统的固碳能力是热带雨林的 5 倍，阿联酋“蓝碳计划”计划 2030 年前恢复 1.2 万公顷红树林。澳大利亚大堡礁实施的珊瑚礁固碳项目，通过人工培育耐高温珊瑚品种，使礁区碳封存速率提升至每年 3.2t/ha。

（四）负排放技术

直接空气捕集（DAC）：瑞士 Climeworks 公司冰岛工厂利用地热能驱动 DAC 装置，年捕集4000 吨 CO_2 并矿化封存，成本降至600 美元/吨。其新型分子筛吸附剂比表面积达 3000m^2/g，捕集效率较第一代设备提升150%。美国能源部支持的“千年工程”计划在得克萨斯州建设百万吨级 DAC 集群。

生物质能碳捕集与封存（BECCS）：英国 Drax 电厂将秸秆燃烧产生的 CO_2 捕集后注入北海枯竭油气田，实现负排放发电。该设施采用胺法吸收－深部咸水层封存技术，年封存量达 200 万吨。全球已有 38 个 BECCS 项目在运营，预计 2030 年可形成 10 亿吨/年的负排放能力。

四、碳中和的国际标准与认证体系

为确保碳中和目标的科学性和可信度，国际社会建立了一系列标准框架。

ISO 14064/14067：规范组织与产品的碳足迹核算方法，要求涵盖范围 1（直接排放，如化石燃料燃烧、工艺过程排放）、范围 2（间接排放，包括外购电力/蒸汽产生的排放）和范围 3（价值链排放，涉及原材料采购、产品使用及废弃处置等全生命周期）。新版标准强化了数据质量等级划分，要求第三方机构对温室气体声明书实施三级复核。

科学碳目标倡议（SBTi）：要求企业减排目标与 1.5℃路径一致，采用“绝对收缩法”或“经济强度法”设定减排基准线。全球已有 4000 余家企业通过认证，包括微软、丰田、苹果、沃尔玛等跨国巨头。2023 年新增“金融行业情景建模工具”，要求投资组合碳排放强度年均下降 7%。

核证碳标准（VCS）：全球使用最广泛的碳信用认证体系，覆盖 118 个国家 5600 个项目，累计签发量超 10 亿吨。涵盖林业（REDD＋）、可再生能源（风电、光伏）、工业气体分解（HFC－23）等项目，要求额外性论证须通过投资分析或障碍分析测试。

气候、社区与生物多样性标准（CCB）：强调碳项目的社会共益性，采用三级金牌认证制度。如印度尼西亚泥炭地修复项目通过恢复2.3万公顷湿地，在固碳470万吨的同时提升社区收入34%，配套建立可持续棕榈油合作社。

各国也在探索本土化标准。例如，中国《碳排放权交易管理暂行条例》要求从2225家重点排放单位年度碳排放量不得超过配额，并推出CCER（国家核证自愿减排量）机制支持碳汇项目开发。2024年新版CCER方法学新增蓝碳、竹林经营等9个领域，已备案项目达327个，预估年减排量1200万吨。配套出台的《企业温室气体排放核算与报告指南》明确发电、钢铁等24个行业核算边界，要求月度存证数据上传至全国碳管理平台。

欧盟同步升级《企业可持续发展报告指令》（CSRD），强制要求从2026年起所有大型企业披露范围3排放数据，配套的EFRS气候标准引入从“双重实质性”原则，要求同时评估财务影响和环境依赖性。

五、碳中和的经济社会意义

碳中和不仅是环境议题，更是重塑全球经济格局的战略支点。

（一）产业变革机遇

全球低碳经济市场规模预计2050年达12万亿美元（国际可再生能源署数据），涵盖新能源、电动汽车、碳金融等18个核心领域。以光伏产业为例，2023年全球新增装机容量突破400GW，中国贡献率超60%。

传统产业升级：德国巴斯夫集团投资40亿欧元建设“零碳化工园区”，通过绿氢替代天然气生产基础化学品，配套建设200MW海上风电场及全球最大电驱蒸汽裂解装置，碳捕集率提升至95%。

（二）就业结构转型

国际劳工组织发布的报告《世界就业和社会展望：2023 年趋势》称，碳中和将创造 2500 万个绿色岗位，同时淘汰约 600 万个高碳岗位。中国“十四五”规划明确要求培训 2000 万绿色技术工人，重点覆盖光伏板安装、风电运维等新兴职业。

技能培训需求：欧盟“绿色技能公约”计划 2030 年前为 500 万工人提供再培训，建立覆盖 27 国的职业教育网络。荷兰皇家壳牌石油公司已投入 1.8 亿欧元实施员工转型计划，将 30% 炼油厂技工转为碳管理专员。

（三）金融体系重构

全球 ESG（环境、社会与治理）投资规模突破 35 万亿美元（贝莱德集团年报），占资产管理总量 36%。绿色债券发行量 2023 年达 8500 亿美元，中国工商银行承销份额占全球 12%。

碳金融市场：欧盟碳价突破 100 欧元/吨，倒逼德国蒂森克虏伯等钢铁企业投资 17 亿欧元改造氢基直接还原铁设备。中国碳市场年交易额达 100 亿元（上海环境能源交易所数据），国家能源集团首创碳质押贷款模式，单笔融资规模超 5 亿元人民币。

（四）地缘政治影响

能源权力转移：沙特斥资 5000 亿美元建设 NEOM 零碳城市，配套建设 30GW 太阳能制氢设施，计划 2030 年出口 400 万吨绿氢至欧盟。中国锂电池产能占全球 70%（SNE Research 数据），宁德时代公司、比亚迪公司等企业掌握 21700 电池核心专利超 600 项。

技术标准竞争：欧盟碳边境调节机制（CBAM）覆盖钢铁、铝业等六大行业，直接影响中国每年 350 亿美元出口。美国《通胀削减法案》设置 3690 亿美元绿色补贴，吸引宁德时代公司、远景能源公司在美国建厂。

六、碳中和的阶段性特征

碳中和目标的实现呈现明显的时序演进规律，主要分为四个递进阶段：准备阶段（2021—2025 年）重点构建“1 + N”政策框架体系，通过试点碳市场和技术创新储备夯实基础，其间将建成覆盖八大行业的全国碳交易市场，并在 10 个重点工业园部署碳捕集示范装置；攻坚阶段（2026—2035 年）着力推进实施，完成电力、钢铁等八大高耗能产业低碳改造，要求火电行业碳排放强度较基准值下降 18%，同步建设 3 个千万吨级绿氢生产基地；深化阶段（2036—2045 年）依托 CCUS 规模化应用实现工业流程深度脱碳，计划在长三角地区形成年封存 1.5 亿吨 CO_2 的地质储库集群，同步完善跨区域碳汇交易机制；优化阶段（2046—2060 年）通过智慧能源互联网和负排放技术实现全社会净零排放，届时新型电力系统可再生能源渗透率将超 90%，并建成覆盖主要生态系统的碳收支监测卫星星座，最终建立气候适应型发展模式。

碳中和目标的实现需经历以下三个战略阶段。

达峰期（2020—2030 年）：重点行业碳排放达峰，中国承诺 2030 年前实现碳达峰，单位 GDP 碳排放较 2005 年下降 65% 以上。政策工具以强制减排为主，如欧盟碳边境调节机制（CBAM）对进口商品征收碳关税，首批涵盖钢铁、水泥等六大类商品。在此期间，全国碳市场将扩展至建材、航空等 12 个行业，配额总量控制在 65 亿吨/年。

深度脱碳期（2030—2050 年）：淘汰煤电、燃油车等高碳资产，全球需关闭 2400 座燃煤电厂（相当于现役机组总量的 35%），中国计划 2060 年非化石能源占比超 80%，重点发展第四代核电站和海上风电集群。产业转型方面，汽车制造业需在 2035 年前完成电动化改造，铝电解行业全面推广惰性阳极技术。负排放技术规模化应用，空气直接捕集（DAC）成本须降至 100 美元/吨以下。生物质能结合碳捕集（BECCS）将在东北黑土区形成年固碳5000万吨的示范工程，同时海洋碱化技术在南海开展百平方公里级试验。

中和维持期（2050年后）：建立“天地空”一体化的碳中和监测预警系统，集成30颗碳监测卫星、8000个地面观测站和量子计算平台，动态调整减排策略。实施碳排放预算管理制度，将碳资产纳入国民经济核算体系。应对气候工程风险，如太阳辐射管理（SRM）技术可能引发区域气候失衡。需建立全球SRM治理框架，在平流层气溶胶注入实验中设置0.5 W/m^2的辐射强迫阈值，同步研发平流层飞行器监控网络。

七、争议与挑战

尽管碳中和已成全球共识，但其实现路径仍面临多维度争议与实施困境。

技术乐观主义与减排优先论：国际能源署数据显示，全球75%减排承诺依赖未商业化的负排放技术。部分学者认为过度依赖未来技术（如核聚变、CCUS碳捕获）会削弱当下减排动力，形成“道德风险”。麻省理工研究指出，技术延迟每五年将增加0.3°C温升预期。

公平性问题：世界银行统计显示，发达国家人均历史碳排放量为发展中国家的7.3倍，但当前减排成本更多由新兴经济体承担。印度在国家自主贡献（NDC）承诺中需投入GDP的2.5%用于减排，而欧盟仅需0.8%。南北国家在“共同但有区别责任”原则落实上持续角力。

碳抵消有效性：《自然》期刊披露，30%林业碳汇项目存在“泄漏”风险（保护A地森林导致B地砍伐加剧）。巴西雨林监测显示，碳汇项目边界外毁林率同比增加18%。需要建立卫星遥感+区块链的实时监测机制，目前全球仅27%碳交易市场采用MRV可核查系统。

结语

碳中和是人类应对气候危机的必然选择，其内涵远超出环境范畴，涉及能源革命（全球清洁能源投资需年均增长300%）、产业重构（欧盟碳边境税影响1200亿美元贸易）、社会转型（特斯拉碳积分交易重塑汽车业）等深层变革。唯有通过科技创新（可控核聚变实现50年商业化突破）、政策协同（建立全球碳定价联盟）与南北合作（气候基金兑现1000亿美元承诺），才能将这一宏大愿景转化为切实行动，为子孙后代留下宜居的地球家园。

第二节　碳中和在全球气候行动中的地位

碳中和不仅是全球应对气候危机的核心策略，更是重塑国际政治经济格局的枢纽。其地位体现在气候治理框架、可持续发展目标、国家战略转型、企业竞争力重构以及全球公平性博弈等多个层面，成为21世纪人类文明转型的关键议题。2023年全球碳预算报告显示，剩余1.5℃温控目标的碳排放额度仅剩3800亿吨，而年排放量仍高达407亿吨，这种时空压缩性使碳中和从技术命题升级为文明存续命题。

一、《巴黎协定》的法定基石作用

《巴黎协定》通过法律形式将碳中和确立为全球气候行动的终极目标，其核心机制与碳中和路径深度绑定。

温控目标：协定要求将全球温升控制在2℃以内并努力限制在1.5℃。根据联合国政府间气候变化专门委员会（IPCC）第六次评估报告测算，若实现1.5℃目标，全球需在2050年前实现碳中和；若接受2℃目标，则时限可放宽至2070年。但最新气候模型表明，每0.5℃温差将导致极端天气发生概率倍增，热带地区农作物减产幅度从18%陡增至40%。

国家自主贡献（NDC）：截至2023年，136个国家提交的NDC明确碳中和时间表，覆盖全球88%的碳排放。但气候行动追踪组织分析显示，现有承诺仅能实现2.4℃温升，缺口达230亿吨CO_2/年，相当于美国、印度、俄罗斯三国年排放量总和。其中77个发展中国家因资金缺口，仅承诺有条件减排目标。

全球碳市场：允许国家间通过碳信用交易完成减排目标。2022 年全球碳市场交易额达 8650 亿美元，欧盟碳价突破 100 欧元/吨，中国碳市场年成交量达 2 亿吨配额。但碳泄漏问题持续存在，仅 2021 年欧盟边界碳调节机制就拦截了 1200 万吨碳密集型产品进口。

案例一：挪威通过碳捕集与封存（CCS）技术实现油气行业减排，其“长船项目”每年封存 150 万吨 CO_2，并出口碳管理服务至德国、荷兰，形成新的地缘经济纽带。该项目创新采用浮动式碳存储平台，使北海废弃油气田转化为战略储碳基地，预计到 2035 年可形成年 50 亿美元的技术服务出口。

案例二：德国通过《气候行动法案》将碳中和目标法律化，设立 600 亿欧元能源与气候基金，2022 年碳排放较 1990 年下降 40%。但交通领域排放反增 5%，暴露出电动汽车充电设施建设滞后（仅完成规划量的 63%）、重载货车清洁能源替代率不足 12% 等结构性问题，显示部门脱碳的不均衡性。其工业脱碳试验园区“氢能谷”项目，则通过绿氢炼钢技术实现吨钢碳排放下降 95%，揭示产业革命的突破方向。

二、联合国可持续发展目标（SDGs）的协同引擎

碳中和与 7 项 SDGs 形成“杠杆效应”，推动系统性变革：

SDGs	碳中和协同路径	典型案例
SDG7（清洁能源）	光伏成本 10 年降 89%，2023 年全球可再生能源投资达 1.7 万亿美元	印度太阳能装机超 70GW，减少 1.2 亿吨 CO_2/年，惠及 6000 万农村人口
SDG9（产业创新）	绿氢电解槽成本降至 300 美元/kW，全球规划项目超 3000 亿美元	沙特 NEOM 绿氢工厂年产 120 万吨，配套 4GW 光伏 + 风电
SDG11（可持续城市）	零碳建筑标准降低能耗 70%，全球已有 100 + 碳中和城市承诺	哥本哈根 2025 年实现碳中和，区域供暖系统 100% 生物质能
SDG13（气候行动）	碳定价覆盖全球 23% 排放，欧盟碳关税倒逼供应链脱碳	特斯拉公司 2022 年碳积分收入 18 亿美元，占净利润的 30%

跨目标协同：巴西“亚马孙基金”通过遏制毁林实现年固碳 3.5 亿吨

（SDG13），同时提升原住民教育率（SDG4）和医疗覆盖率（SDG3），形成“气候－社会”共益模式。该机制创新性地将碳信用收益的23%定向投入社区学校建设，使原住民儿童入学率较项目实施前提升41%；同步建立的36个移动医疗站，将基础医疗服务半径扩展至雨林腹地300公里范围。监测数据显示，该模式还意外带动陆地生物（SDG15）指标改善，美洲豹栖息地破碎化速率同比下降12%。

挪威气候研究院通过双重差分模型证实，此类复合型干预使每欧元气候投资产生1.7倍于单一减排项目的综合效益，为《巴黎协定》实施提供了可复制的政策工具包。

三、国家战略竞争：从承诺到实践的分化

全球碳中和进程中，各国依据资源禀赋探索差异化路径，形成三大战略阵营。

（一）技术引领型（欧盟和美国）

欧盟：“Fit for 55”计划将2030年减排目标提至55%，碳关税（CBAM）2026年全面实施，首年覆盖钢铁、铝、水泥等行业，预计影响中国对欧出口额500亿美元，涉及约3.5万家企业供应链调整。德国投入600亿欧元建设总长1800公里的氢能管网，计划2030年绿氢占比达20%，同步推进50个工业去碳化试点项目。

美国：《通胀削减法案》投入3690亿美元补贴本土清洁技术，特斯拉公司电池产能从2020年35GWh猛增至2023年150GWh，但“本土含量要求”引发24国联署WTO诉讼，直接冲击韩国动力电池对美出口（2023年同比下降37%）。光伏制造业回流加速，First Solar公司在建产能达10GW，较2021年翻两番。

（二）渐进转型型（中国和印度）

中国：“双碳”目标写入“十四五”规划，2025年非化石能源占比达

20%，但煤电装机仍在增长（2023 年新增 50GW，总量达 11.6 亿千瓦）。全国碳市场扩容至水泥、航空业，碳价从 48 元/吨升至 80 元/吨，仍低于欧盟 1/10，电力行业履约率为 92.3%，水泥行业履约率仅为 68.7%。

印度：2070 年碳中和目标下，煤电占比仍将维持 50% 以上，依赖 CCUS 技术实现"高碳锁定"，当前试点项目捕集效率仅 63%，成本高达 90 美元/吨。新能源装机突破 125GW，但弃风率仍达 8.3%，输配电损耗 17.6%。

（三）资源重构型（海湾国家）

沙特：斥资 5000 亿美元建设 NEOM 零碳城市，配套建设全球最大绿氢工厂（年产 120 万吨），但油气收入仍占财政 80%，计划 2030 年前将原油产能维持 1200 万桶/日。主权基金 PIF 设立 150 亿美元专项基金收购全球可再生能源资产。

阿联酋：投资 1600 亿美元布局 48GW 清洁能源，马斯达尔城光伏装机突破 3GW，计划 2030 年绿氢出口占全球 25%。同时继续扩大原油产能至 500 万桶/日，新建全球首个碳中性炼厂（处理能力 140 万桶/日）。

四、企业价值重构：从成本到竞争力的质变

碳中和重塑企业战略，形成三级跃迁路径。

（一）合规生存阶段

碳成本压力：欧盟碳关税使中国钢铁出口成本增加 20%，首钢集团、宝钢集团吨钢减碳投入达 300 元。鞍钢集团通过数字化碳足迹监测系统，单季度减少碳排放核查费用 1200 万元。

供应链脱钩：苹果公司要求 2030 年供应链 100% 使用绿电，倒逼富士康投资 20 亿美元建设分布式光伏。特斯拉公司中国工厂建立绿电溯源系统，将光伏组件供应商准入标准提升至 Tier-1 级别。

政策倒逼转型：中国生态环境部印发《碳排放权交易管理暂行条例》，电力行业年度配额缺口企业突破200家，华润电力公司启动碳捕集改造项目集群。

（二）价值创造阶段

低碳产品溢价：保时捷合成燃料（e－fuel）跑车溢价40%，订单超10万辆；宁德时代公司“零碳电池”获宝马45亿欧元订单。隆基绿能公司推出光伏制氢一体化解决方案，在沙特NEOM新城项目中标23亿美元。

碳资产管理：微软斥资10亿美元购买碳清除额度，推动DAC技术成本三年下降60%。中国石化集团建成全球最大碳交易账户，年度碳配额周转量突破8000万吨。

技术范式突破：上海电气研发的200MW级碳捕集装置，将煤电碳排放强度降至283g/kWh，较行业均值降低42%。

（三）生态主导阶段

标准制定权争夺：亚马逊发起《气候宣言》，要求供应商提前10年实现碳中和，已绑定400家企业。沃尔玛建立供应商碳账户体系，将ESG评级与采购配额直接挂钩。中国华能集团主导制定ISO火电CCUS国际标准，输出技术至印度尼西亚、越南。宁德时代公司联合国际电工委员会发布《动力电池碳足迹核算指南》，覆盖全生命周期136项指标。

生态平台构建：阿里巴巴推出“能源云”平台，整合2000家新能源企业形成碳资产交易网络，年度撮合量突破1.2亿吨。

五、公平性困局：全球治理的深层矛盾

碳中和实践面临三大公平性挑战。

历史责任悬置：发达国家1850—2020年累计碳排放占比64%，但要求发展中国家同步减排。印度人均碳排放仅1.8吨，不足美国的1/10，却

承受同等减排压力。

技术鸿沟加剧：全球75%的清洁技术专利集中在欧美日，非洲光伏装机仅占全球1.2%，技术转让壁垒使脱碳成本提高40%。

气候融资赤字：发达国家承诺的每年1000亿美元气候资金仅兑现60%，非洲国家获取资金成本比经济合作与发展组织（OECD）国家高7倍。

案例：肯尼亚地热发电占比达45%，但因缺乏输配电设施，30%清洁电力被浪费，凸显基础设施失衡问题。

六、未来图景：从减排到文明形态重塑

碳中和正在触发更深层变革。

能源地缘重构：全球风光资源分布重塑权力格局，撒哈拉沙漠太阳能潜力达6000TWh/年，相当于欧盟总用电量的3倍。摩洛哥Noor太阳能综合体已实现800兆瓦装机，通过HVDC特高压技术向欧洲输电。智利Atacama光伏走廊计划2040年供应南美15%清洁电力，国际能源署数据显示新兴能源枢纽正取代传统油气中心。

工业文明转型：氢基冶金使钢铁生产从“燃烧驱动”转向“催化驱动”，全球首个零碳钢铁厂（HYBRIT）2026年量产，吨钢碳排放从1.8吨降至0.05吨。德国蒂森克虏伯公司同步推进电解槽直接还原技术，使氢能利用率提升至92%。中国河钢集团DRI+电弧炉示范项目预计2030年实现全产业链碳中和，显示行业碳排放强度曲线出现历史性拐点。

数字赋能加速：微软“行星计算机”整合全球碳排放数据，AI优化电网调度效率提升30%；区块链技术使碳足迹溯源成本降低80%。谷歌DeepMind气候模型成功预测区域性缺电事件，预警准确率达89%。新加坡TraceCarbon系统实现橡胶供应链全生命周期追踪，每批次认证耗时从45天缩短至72小时。

第三节 碳中和技术体系解析

碳中和技术是实现气候目标的核心引擎，其创新突破直接决定碳中和进程的可行性与经济性。当前技术体系已形成三大支柱——清洁能源替代、碳移除与封存、生态系统增汇，并通过数字化与系统集成技术实现协同优化。以下从技术原理、应用现状、瓶颈挑战及创新方向等维度展开深度解析。

一、清洁能源技术：重塑能源系统的底层逻辑

（一）光伏技术：从效率革命到材料创新

单晶 PERC 电池量产效率达 23.5%，隆基绿能公司 2023 年研发的 HP-BC 技术使接触损耗降低 0.2%；TOPCon 与 HJT 技术突破 25% 效率阈值，晶科能源 Tiger Neo 系列组件功率超 625W；钙钛矿/晶硅叠层电池实验室效率达 33.9%（牛津光伏 2023 数据），理论极限可达 45%，苏州协鑫纳米公司建成百兆瓦级钙钛矿中试线。

柔性光伏组件（如 CIGS）重量仅传统组件的 1/10，厚度 0.3mm 可弯曲 30°，汉能 Solibro 组件已在北京中信大厦等 156 个 BIPV 项目应用，累计装机超 50GW。双面组件渗透率从 2018 年 12% 提升至 2023 年 48%。

成本曲线：全球光伏 LCOE（平准化度电成本）从 2010 年 0.37 美元/kWh 降至 2023 年 0.03 美元/kWh，降幅达 92%，沙特 Al Shuaibah 项目创 0.0104 美元/kWh 最低纪录。中国青海塔拉滩光伏基地装机超 16GW，年发电量 287 亿 kWh，可供河南省用电量 1/3。

瓶颈突破：银浆耗量通过多主栅技术从130mg/片降至80mg/片，帝科股份开发银包铜浆料实现15%成本节约；铜电镀技术设备投资降至1.2亿元/GW，有望完全替代银电极。

智能运维系统通过无人机巡检+AI诊断，华为智能光伏（FusionSolar）方案将故障定位时间从8小时缩短至15分钟，发电损失减少2.7%。国家能源集团建成光伏电站数字孪生系统，运维效率提升40%。

（二）风电技术：从陆上到深海的跨越

机组大型化：全球最大陆上风机（金风GWH252－16MW）叶轮直径252米，扫风面积5.1万平方米，年等效满发小时数超4000；漂浮式海上风电单机容量突破20MW，挪威Hywind Tampen项目11台机组实现油气平台直接供电，年减排CO_2 20万吨。明阳智能MySE18－242机型叶片采用3D编织技术，极限风速耐受65m/s。

降本路径：中船重工开发分片式塔筒，模块化设计使安装成本降低30%；中国中车研制120米级碳纤维叶片，采用拉挤板工艺，重量减轻40%至35吨。远景能源EnOS系统应用数字孪生技术优化风场布局，尾流损耗降低9%，发电量提升12%。

创新方向：高空风电（如Makani能量风筝）翼展26米，利用300米高空稳定风能，能量密度提升5倍至800W/m^2。德国EnerKite系统实现自动起降，单机功率达100kW。

风电制氢耦合系统在丹麦Esbjerg试点，西门子Gamesa 8MW风机直连5MW电解槽，制氢成本降至2.5欧元/kg，电解槽利用率从35%提升至85%。

（三）储能技术：构建新型电力系统的关键

锂电技术：宁德时代公司第三代磷酸铁锂电池循环寿命突破8000次［25℃，100%放电深度（DoD）］，比亚迪公司刀片电池通过针刺实验无热失控；麒麟电池采用全球首创电芯倒置设计，体积利用率达72%，能量密度255Wh/kg，支持5分钟快充。

钠离子电池成本较锂电低30%，中科海钠公司已建成全球首条GWh级生产线，正极材料采用铜基氧化物，能量密度达145Wh/kg。

长时储能：大连融科200MW/800MWh全钒液流电池项目采用自主研发的质子交换膜，循环次数超15000次，度电成本降至0.3元。美国Form Energy铁－空气电池储能时长超100小时。

压缩空气储能（CAES）效率通过蓄热回用技术提升至70%，中储国能公司300MW级设备国产化率达98%，江苏金坛公司60MW项目采用废弃盐穴，单位成本降至1500元/kWh。

氢储能：中集安瑞科公司20MPa高压储氢瓶采用碳纤维全缠绕设计，成本降至3000元/kg；有研新材开发镁基合金固态储氢材料，储氢密度达7.6wt%，可在200℃释氢。国家能源集团建成万吨级液态储氢示范项目。

德国“HyBit”项目改造下萨克森州盐穴，储氢容量达1000万立方米，压力等级8MPa，可满足柏林冬季30天供暖需求。美国Hy Stor开发地下储氢库，设计容量500GWh。

（四）核能技术：从裂变到聚变的代际跃迁

1. 第三代核电技术

华龙一号设计寿命60年，采用“177堆芯＋能动与非能动结合”安全系统，堆芯损伤频率$<1\times10^{-6}$/堆年，国产化率超90%，巴基斯坦卡拉奇K3机组2022年商运。

美国Vogtle核电站AP1000机组建设周期超12年，单台机组成本超300亿美元，引发经济性争议。俄罗斯VVER－1200建设成本控制较好，埃及达巴核电站4台机组总造价300亿美元。

2. 第四代核电革命

中国示范快堆CFR－600采用池式钠冷结构，铀资源利用率提升60倍，2023年实现临界，计划2030年建成商业示范堆。俄罗斯BN－1200快堆设计功率1220MWe，燃料增殖比1.3。

钍基熔盐堆（TMSR）采用氟盐冷却剂，工作压力接近常压，甘肃武威2MWt试验堆2022年完成168小时连续运行验证。印度建设30MWt钍基实验堆，计划2026年投运。

3. 核聚变突破

美国NIF装置2022年实现激光能量2.05MJ输入，输出3.15MJ能量，Q值达1.5；中国EAST实现1.2亿℃等离子体运行1056秒，刷新磁约束聚变纪录。ITER项目完成78%建设进度，计划2035年首次放电。

Helion Energy采用场反位形方案，计划2028年建成50MWe聚变电厂，燃料采用氦-3与氘，目标电价0.01美元/kWh。英国Tokamak Energy球形托卡马克实现1亿℃运行。

二、碳捕获、利用与封存（CCUS）：工业脱碳的最后防线

（一）碳捕获技术：从高浓度到直接空气捕集

1. 燃烧后捕集

胺法吸收（MEA）作为化学吸收法代表技术，采用30%乙醇胺溶液与烟气逆流接触，捕集效率可达90%以上，成熟度最高，但再生能耗达3.5GJ/t CO_2。新型相变吸收剂（如NAS）通过温度响应实现液-液相分离，富集CO_2的浓缩相体积减小60%，再生能耗降至2.2GJ/t CO_2。

膜分离技术基于溶解-扩散机理，空气产品公司（Air Products）开发的碳分子筛膜在30bar压差下，CO_2/N_2选择性达50，已应用于天然气处理领域，捕集成本降至25美元/t CO_2。日本东燃公司开发的聚酰亚胺中空纤维膜组件，在燃煤电厂中试实现CO_2纯度95%的稳定输出。

2. 燃烧前捕集

煤气化联合循环（IGCC）通过水煤浆气化制备合成气，经水煤气变换

后 CO_2 浓度达35% ~45%，华能天津 IGCC 示范项目采用低温甲醇洗工艺，捕集率超 90%，年封存 10 万吨 CO_2。但系统复杂性导致发电成本增加 40%，目前度电成本约 0.8 元/千瓦时。

3. 直接空气捕集（DAC）

瑞士 Climeworks 采用碱性纤维素吸附剂，在环境温度下完成 CO_2 吸附，通过 100℃低压蒸汽解吸，冰岛 Orca 工厂配置 8 组模块化捕集装置，年捕集 4000 吨，成本 600 美元/t CO_2。其新一代 Mammoth 项目将实现年捕集 3.6 万吨规模。

美国 Heirloom 开发钙基吸附材料循环系统，利用氢氧化钙碳化生成碳酸钙，经 900℃煅烧再生，捕集周期缩短至 3 天，成本有望降至 100 美元/t CO_2。该技术已获《通胀削减法案》税收抵免支持，微软预购协议涵盖 2024—2030 年 300 万吨碳清除量。

（二）碳利用技术：从地质封存到高值转化

全球碳利用技术正形成地质封存 - 工业转化 - 生物固碳的技术矩阵，2025 年市场规模预计达 2800 亿美元。

1. 地质封存

挪威 Sleipner 项目累计封存 2000 万吨 CO_2，采用地震波层析成像技术监测，显示 Utsira 砂岩层位移 <1mm/年，孔隙压力变化 <0.2MPa，安全性获 DNV - GL 认证。

中国鄂尔多斯 CCUS 封存潜力达 100 亿吨，中国石化集团与壳牌公司合作建设 30 万吨/年示范工程，配套 12km 超临界 CO_2 输送管线。

2. 工业转化

在全球碳中和目标驱动下，CO_2 捕集与资源化利用技术正加速突破。冰岛 CRI 公司开发的地热氢能耦合 CO_2 合成甲醇技术，通过 ZnO - ZrO_2 固溶体催化剂实现了单程转化率 92% 的突破性进展，其能耗仅为 14GJ/t，较传统工艺成本降低 40%。该技术利用地热发电电解水制氢，将 CO_2 与氢气在高温高压下催化合成甲醇，不仅实现了清洁能源的高效转化，更构建了一条闭环碳循环路径。

在建筑材料领域，加拿大 CarbonCure 公司通过将 CO_2 注入混凝土预制件，利用 CaO 矿化反应提升混凝土抗压强度 10%，并实现每立方米混凝土固碳 25kg。这一技术已在北美 300 余个搅拌站规模化应用，既减少了建筑行业碳排放，又赋予了传统建材低碳化属性，为基建领域碳中和提供了可行方案。

除上述技术外，CO_2 在燃料合成领域的创新同样引人注目。中国石化集团镇海炼化以餐余废油为原料，通过专用催化剂和工艺生产生物航煤，成功实现国产商用飞机首次加注。该技术年处理能力达 10 万吨，每年可减排 CO_2 约 8 万吨，标志着我国在可持续航空燃料领域的重大突破。中国科学院大连化物所开发的 CO_2 加氢制汽油技术，则通过多功能催化剂实现了 CO_2 与氢的 95% 转化率，汽油选择性超 85%，其千吨级中试装置产出的清洁汽油已达国Ⅵ标准，为液态燃料生产开辟了新路径。

在更前沿的科研领域，中国科学院天津工业生物技术研究所首次实现 CO_2 到淀粉的全合成，通过 11 步化学 - 生物耦合反应，使淀粉合成速率达到玉米的 8.5 倍，理论上 1 立方米生物反应器年产量相当于 5 亩农田产量。清华大学团队则聚焦绿色航煤制备，通过金属氧化物 - 分子筛异质结催化剂，实现 CO_2 加氢制航煤烃基选择性超 80%，为航空业净零排放提供技术支撑。

这些创新技术不仅推动了 CO_2 从“排放物”向“资源”的转变，更在能源安全、材料革新、粮食生产等领域展现出广阔前景。未来，随着催化剂性能优化与工艺成本降低，CO_2 资源化利用有望形成规模化产业集群，为全球碳中和目标注入强劲动能。

3. 生物固碳

合成生物学公司 LanzaTech 利用产乙醇梭菌（Clostridium autoethanogenum）将 CO_2 转化为乙醇，南非 Sasol 示范厂年产 5 万吨，与维珍航空公司合作完成跨洋生物燃料试飞。

（三）生态系统碳汇：自然解决方案的复兴

1. 森林碳汇

中国“三北”防护林体系工程历经 40 年建设周期，累计造林 3174 万公顷形成生态屏障，通过多光谱遥感监测显示植被指数增幅达全球均值 3.2 倍。该工程年固碳量 2.4 亿吨相当于抵消上海市三年碳排放总量，其中成熟林碳储量占比达 62%。

智能造林技术实现突破性进展：大疆 T40 农业无人机搭载离心播撒系统，采用北斗导航实施精准飞播，作业效率达 100 亩/小时且地形适应性强。配合包衣种子处理技术，在陕北黄土高原试验区的成活率从传统人工播种的 45% 提升至 85%。

2. 土壤碳汇

保护性耕作体系（免耕 + 秸秆覆盖）在北美大平原推广 15 年后，土壤有机碳含量年均提升 0.3%，作物根系生物量增加 40%。全球 3.5 亿公顷农田若实施该技术，理论碳汇潜力可达 5.5Gt/年，相当于全球交通领域年排放量的 35%。

生物炭工业化应用取得进展：巴西圣保罗州试点项目采用移动式热解设备，将甘蔗渣在 500℃无氧条件下炭化，亩均固碳 2 吨的同时，土壤持水能力提升 25%，甘蔗单产同比增产 12%。

3. 海洋与湿地碳汇

红树林生态系统单位面积固碳能力达 1000 吨/平方公里·年，是热带雨林的 5 倍。阿联酋通过模块化育苗装置在潮间带成功种植 1.2 亿株白骨壤，形成 18 公里生态堤坝，年固碳 50 万吨并减少海岸侵蚀量 75%。

澳大利亚昆士兰大学研发的海草种子胶囊化技术，配合自主水下机器人实现精准播种，已修复10万公顷退化海草床。经测算，修复区碳汇价值达3亿美元/年，同时为龙虾种群提供重要育幼场。

挪威Ocean-based公司开发的深海泵系统，通过波浪能驱动将200米深层的富营养海水提升至透光层。单台设备覆盖面积12平方公里，年固碳10万吨并形成渔业资源富集区。该技术已获得联合国CDM方法学认证。

三、技术集成与系统优化

（一）能源—工业—CCUS耦合

德国BASE-Load项目通过跨介质能量梯级利用，将钢铁厂300℃~400℃中温烟气余热驱动胺法捕集装置，实现CO_2捕集能耗降低40%，系统整体能效提升25%，年减排规模达12万吨。

中国宝武钢铁集团2023年启动的氢基竖炉+CCUS集成试验工程，采用富氢气体还原与尾气膜分离耦合技术，使吨钢碳排放从1.8吨骤降至0.5吨，同步产出食品级CO_2产品应用于碳酸饮料制造。

（二）数字赋能技术

阿里云“碳眼”平台依托ET工业大脑算法，整合冶金、化工、建材等100+行业超2000个工艺节点数据，构建产品碳足迹动态测算模型，在汽车制造领域实现全生命周期碳排放分析，误差率<5%。

区块链碳溯源体系在农业领域取得突破，IBM食物溯源（IBM Food Trust）通过分布式账本技术记录咖啡种植、烘焙到运输的842个碳节点数据，使认证成本从3.5美元/kg降至1.0美元/kg，同时缩短认证周期至72小时。

（三）政策—市场—技术协同

欧盟碳关税（CBAM）2026年全面实施后，出口企业每吨隐含碳排放需缴纳75~100欧元，倒逼全球15个主要工业基地部署CCUS装置，预计

2030 年碳捕集量将从当前 0.4Gt/年增至 1.6Gt/年。

中国银行间市场 2021—2023 年累计发行碳中和债券 5287 亿元，其中光伏制氢项目债券发行利率较同评级债券低 80% ~120%，资金专项用于绿电 - 电解槽 - 碳监测系统集成建设。

第四节 碳中和面临的技术、经济与社会挑战

碳中和作为全球气候治理的核心目标，其实现过程面临多维度的复杂挑战。这些挑战不仅涉及技术可行性与经济成本的权衡，更触及社会公平与全球治理的深层次矛盾。以下从技术、经济与社会三个维度展开系统性分析，揭示碳中和进程中的关键障碍与破局路径。

一、技术挑战：从实验室到工业化的鸿沟

（一）高成本问题：技术商业化的致命瓶颈

1. 碳捕获技术的成本困局

燃烧后捕集（Post - combustion）：传统胺法吸收（MEA）技术能耗高达3.5GJ/t CO_2，捕集成本为60～100美元/t CO_2，导致燃煤电厂发电成本增加40%～80%。美国能源部统计显示，加装CCUS的电厂平准化度电成本（LCOE）从45美元/MWh激增至78美元/MWh。

直接空气捕集（DAC）：Climeworks的Orca工厂捕集成本达600美元/t CO_2，虽经技术改进，Heirloom目标成本仍需100美元/t CO_2，较当前碳价水平（欧盟约90欧元/t）形成明显倒挂。

地质封存成本：美国伊利诺伊州Decatur项目封存成本约30美元/t CO_2，但运输与监测费用占总成本60%，长距离管道建设成本达200万美元/km。

2. 新兴技术的资本壁垒

核聚变研发年均投入超30亿美元，ITER（国际热核聚变实验堆）预

算已超220亿欧元，私营企业如Helion Energy单轮融资达5亿美元。2023年全球核聚变领域风险投资同比减少28%。

绿氢电解槽规模化需万亿级投资，中国隆基规划2030年建成100GW产能，单GW投资约15亿美元。国际能源署预测2040年电解槽市场规模需达850GW。

案例：挪威“长船计划”（Longship）总投资28亿美元，政府补贴占比高达80%，私营资本参与率不足12%，项目延期风险评级AA+。

（二）技术成熟度：从实验室到市场的死亡之谷

1. 技术就绪水平（TRL）差异

成熟技术（TRL 9）：光伏、风电已实现商业化，但新型钙钛矿电池（TRL 6）湿热环境下效率衰减率每月达3%，仍需5~10年验证稳定性。

示范阶段技术（TRL 5~7）：氢基直接还原炼铁（HYBRIT）完成中试，氢能消耗强度达52kWh/t钢，年产百万吨级工厂需2030年落地。

早期研发技术（TRL 1~4）：海洋人工上升流固碳技术仅完成实验室模拟，太平洋试验显示浮游生物群落结构改变率达37%。

2. 颠覆性技术的不确定性

核聚变Q值（能量增益）仅达1.5（NIF，2022年），维持时间不足0.1秒，商业化需突破Q>10且连续运行技术。

固态电池量产良率不足60%，量子点光伏材料存在镉元素泄漏浓度超EPA标准3倍。

（三）复杂性与可行性：系统集成的多维挑战

1. 跨行业技术耦合难题

钢铁—化工—能源系统整合：氢能炼钢需匹配电解水制氢波动性，宝武集团湛江基地配套4GW光伏，但夜间供电缺口达30%，需额外配置1.2GWh储能。

碳捕集与封存（CCS）与电网协同：加拿大边界大坝项目因电网调峰需求，碳捕集装置年运行率仅65%，设备闲置损失超4000万美元/年。

2. 地理与行业适配性差异

海上风电在北海平均容量系数达45%，但南海台风区降至32%，需配置抗17级台风机组，塔架成本增加40%。

干旱地区光伏板清洗耗水量达3L/m^2/月，沙特NEOM项目配套海水淡化厂能耗增加15%，运维成本超预算23%。

（四）监测与验证：数据可信度的终极考验

1. 碳核算精度争议

森林碳汇监测误差：卫星遥感（如Landsat）空间分辨率30米，漏检率超25%的皆伐作业；LiDAR成本高达500美元/公顷，热带雨林监测覆盖率不足7%。

工业碳排放计量：中国重点企业碳排放数据填报误差率达12%，其中电力行业煤质分析偏差占误差量的58%。

2. 区块链技术的局限性

IBM Food Trust平台追踪咖啡碳足迹，但物联网设备安装成本使小农参与率低于15%，数据链完整度仅73%。

以太坊碳溯源智能合约单次交易能耗达62KWh，相当于燃烧18kg标准煤的排放量，抵消其声称的减排效益。

二、经济挑战：成本—收益的艰难平衡

（一）高投资需求：万亿美元资金缺口

1. 行业投资强度差异

能源行业：IEA测算全球碳中和需年均投资4.5万亿美元，2023年实

际投入仅1.7万亿美元。

工业脱碳：钢铁行业吨钢改造成本超200美元，全球年需投入3000亿美元，但2022年实际投资仅120亿美元。

2. 长期回报的不确定性

海上风电项目内部收益率（IRR）8%～12%，但若碳价跌至50美元/t CO_2，IRR将降至5%以下。

国家核证自愿减排量（CCER）重启后交易价80元/t CO_2，但政策风险导致金融机构放贷利率上浮2%。

（二）市场与政策波动：企业决策的达摩克利斯之剑

1. 碳市场机制失灵风险

欧盟碳价2022年波动幅度达140%（从80欧元暴涨至190欧元），企业套期保值成本增加25%。这种剧烈震荡源于能源危机下天然气价格倒挂机制，叠加碳配额拍卖机制改革引发的市场恐慌。

中国碳市场流动性不足，日均成交量仅10万吨，不足欧盟市场的1/50。交易主体仅限于2225家电力企业，缺乏金融机构参与和衍生品工具，导致市场深度不足问题持续恶化。

2. 政策工具箱的矛盾

美国《通胀削减法案》3690亿美元补贴引发世界贸易组织（WTO）诉讼，欧盟碳边境税（CBAM）遭60国联合反对。巴西、南非等新兴市场组建气候正义联盟，拟在联合气候变化框架公约（UNFCCC）框架内发起反制措施动议。

印度对进口光伏组件征收40%关税，与其2030年300GW光伏目标直接冲突。本土制造能力仅能满足18GW/年需求，关税壁垒导致项目延期率达47%。

（三）碳价格与经济效益：剪刀差的扩大

1. 价格信号扭曲

欧盟免费碳配额占比仍达30%，导致钢铁企业实际减排成本仅38欧元/t CO_2，低于社会成本（120欧元/t CO_2）。这种隐性补贴使得电弧炉炼钢技术投资回收期延长至9.7年，较完全碳定价情景滞后62%。

发展中国家碳价普遍低于10美元/t CO_2，无法驱动企业技术改造。印度尼西亚水泥行业CCUS改造资金缺口达27亿美元，相当于其国家碳交易体系两年成交总额的14倍。

2. 项目经济性悖论

生物质发电（BECCS）依赖双重补贴（电价+碳汇），英国Drax电厂每吨负排放成本超200英镑。若计入生物质供应链的全生命周期排放，碳抵消效率可能衰减至理论值的32%~41%。

中国燃煤电厂CCUS改造后上网电价需提高0.15元/kWh才能盈利，但当前仅允许上浮0.05元。这种价格倒挂导致首批12个示范项目中9个项目处于半停滞状态。

（四）运营维护：全生命周期的成本黑洞

1. 隐性成本攀升

海上风电运维成本占平准化度电成本（LCOE）的25%，直升机巡检单次成本超2万美元。北海风场因浪高超3米导致的运维窗口期损失，年均达147个有效工作日。

氢燃料电池车催化剂铂金用量0.2g/kW，年需求增量将推高铂价30%。全球已探明铂族金属储量仅够满足2035年预测需求的58%。

2. 风险成本极高

CCS项目泄漏风险：美国Weyburn油田监测到地表 CO_2 浓度超标事件，保险公司拒保率上升至40%。地质封存责任期界定争议导致保费年增长率达 18%，远超项目运营成本涨幅。

极端气候影响：2022 年欧洲干旱导致莱茵河水位下降，煤电厂冷却水供应中断损失超 20 亿欧元。流域水温升高同时降低冷却效率，引发机组非计划停运率上升至基准值的 2.3 倍。

三、社会挑战：公平与共识的艰难博弈

（一）社会认可与参与：信任赤字的存在

1. 技术接受度的文化差异

德国弃核民意占比达 65%（《2023 能源转型》白皮书），其核能占比已降至 6% 却仍存争议，反观波兰核电支持率达 72%，反映东欧国家依托基荷电源保障能源安全的迫切性。

中国西北光伏基地征地补偿纠纷案件年增 15%（最高人民法院数据），青海塔拉滩生态光伏园区出现“草场退化补偿标准”与“土地增值收益分配”双重矛盾，揭示新能源扩张与传统生计的深层冲突。

2. 信息茧房效应

牛津大学路透研究院研究显示，TikTok 气候怀疑论标签下视频互动量同比激增 300%，算法推荐机制正系统性分化公众认知。

（二）公平与包容性：全球治理的阿喀琉斯之踵

1. 南北半球责任失衡

历史累积碳排放数据显示，美欧人均达 1000～1500 吨，而马里、乍得等非洲国家仅 20～30 吨，现行“共同但有区别责任”原则在 NDC 机制中执行度不足 40%。

气候政策研究所统计，2022 年全球气候融资总额 6340 亿美元中，孟加拉国、图瓦卢等气候脆弱国家仅获 25%，小岛屿国家联盟 38 个成员年均获资不足 800 万美元。

2. 行业转型的社会成本

德国鲁尔区硬煤产业终结导致埃森、多特蒙德失业率攀升至12%（北威州统计局数据），55 岁以上矿工再就业率仅 23%，政府再培训投入已超 47 亿欧元。

印度煤炭重镇贾坎德邦若按第 26 届联合国气候变化大会（COP26）承诺 2030 年淘汰煤矿，将直接冲击 824 个村庄经济结构，需 70 亿美元建设稀土加工与纺织产业园，当前财政预算仅覆盖 30%。

3. 技术垄断与数字鸿沟

世界知识产权组织报告指出，美国掌握 61% 的 CCUS 核心专利，欧盟碳交易体系衍生技术许可费使中国企业每年多支出 18 亿美元。

非洲气候观测卫星覆盖率缺口导致刚果盆地碳汇量测算误差达 ±40%，49 国被迫采用欧盟哥白尼计划数据，政策制定时长达 68% 的关键参数依赖外部提供。

四、跨维度挑战：系统风险的共振效应

（一）技术 – 经济 – 社会耦合风险

欧盟碳关税触发发展中国家反制，印度、巴西联合发起清洁能源产品反倾销调查，全球光伏组件贸易争端导致装机成本回升 10%。

美国《芯片法案》限制先进制程技术出口，28 纳米以下晶圆代工设备遭禁运，间接推高智能电网芯片价格 30%。

（二）地缘政治干扰

俄乌冲突导致欧洲绿氢进口计划推迟 5 年，北海风电制氢项目进度冻结，被迫重启煤电产能，2023 年欧盟煤炭消费量反弹至 6.8 亿吨标煤。

关键矿产（锂、钴）供应链政治化，刚果（金）矿业税提高 30%，中国稀土出口管制强化镨钕氧化物配额缩减至 2019 年水平。

结语：破局之路——从冲突到协同

碳中和的挑战本质上是工业文明向生态文明转型的阵痛。破解困局需构建“三位一体”解决方案。

技术创新：设立全球绿色技术基金，强制专利共享，将 DAC 研发投入提升至 GDP 的 0.5%。

经济机制：实施碳成本内部化，建立跨区域碳市场联动机制，发行碳中和特别提款权（SDR）。

社会契约：推行“气候公民陪审团”制度，将能源转型社会成本纳入财政补偿，设立全球公正转型基金。唯有如此，碳中和才能从理想照进现实，成为人类可持续发展的真正里程碑。

第二章

CCUS技术的原理、应用及未来展望

第一节　二氧化碳捕集技术

二氧化碳捕集技术是实现碳中和目标的关键技术之一。通过从排放源中捕获二氧化碳，可以显著减少温室气体的排放，从而减缓全球气候变化的速度。二氧化碳捕集技术主要分为吸收法、吸附法和分离法三种类型，每种方法都有其独特的原理、适用场景和优缺点。

一、吸收法（Absorption）

吸收法是一种通过液体吸收剂将二氧化碳从气体混合物中分离出来的技术。该方法利用了二氧化碳在某些液体中的良好溶解性，通过化学反应或物理溶解的方式捕获二氧化碳。吸收法在工业领域的应用较为广泛，尤其适用于发电厂、石化厂和水泥厂等大型排放源。

（一）吸收法的基本原理

吸收法通常包括两个主要阶段：吸收阶段和脱附阶段。

1. 吸收阶段

在吸收阶段，含有二氧化碳的气体被引导通过一个装有液体吸收剂的吸收塔。吸收剂可以选择胺类化合物（如 N－甲基吡咯烷酮）、碱性溶液（如氢氧化钠溶液）或其他特殊液体。二氧化碳与吸收剂发生化学反应或物理溶解，形成富碳液体。

例如，胺类吸收剂是一种常用的化学吸收剂。当二氧化碳与胺类化合物接触时，会发生化学反应，生成氨基碳酸盐。这种反应不仅可以高效捕获二氧化碳，还可以通过后续处理实现二氧化碳的纯化和回收。

2. 脱附阶段

在脱附阶段，富碳液体需要通过加热或减压的方式，将二氧化碳从吸收剂中释放出来，再生吸收剂以备循环使用。例如，在胺类吸收法中，通过加热使氨基碳酸盐分解，释放出高纯度的二氧化碳气体。

（二）吸收法的主要特点

高效性：吸收法在捕获二氧化碳方面具有较高的效率，尤其是在烟气浓度较高的工业排放源中。

灵活性：吸收法适用于多种工业场景，包括发电厂、石化厂和水泥厂等。

成本高：吸收法的初期投资和运营成本较高，主要体现在吸收剂的购买、加热系统的能耗以及吸收塔的维护等方面。

能耗高：吸收法的脱附阶段通常需要大量的热能输入，增加了整体能耗，降低了技术的经济性。

（三）吸收法的优化与应用

为了提高吸收法的效率和降低成本，研究人员进行了大量的优化工作。

新型吸收剂开发：新型吸收剂，如功能性离子液体和改性胺类化合物，被开发出来以提高二氧化碳捕获效率并降低能耗。

系统设计优化：通过改进吸收塔的设计，如增加塔的层数或优化气流分布，可以提高吸收效率并减少吸收剂的用量。

多级吸收系统：采用多级吸收系统，可以分阶段捕获不同浓度的二氧化碳，提高整体捕获效率。

工业应用案例：挪威的海尔角（Hyfloating）项目就成功地将吸收法应用于燃煤电厂的二氧化碳捕集，年捕集能力达到约2000吨二氧化碳。

二、吸附法（Adsorption）

吸附法是一种通过固体吸附剂表面捕集二氧化碳的技术。与吸收法不同，吸附法利用的是固体表面的物理或化学吸附能力，将二氧化碳从气体中分离出来。吸附法适用于独立的工业排放点，也可用于混合气体中的二氧化碳捕集。

（一）吸附法的基本原理

吸附法通常包括两个主要阶段：吸附阶段和脱附阶段。

1. 吸附阶段

在吸附阶段，含有二氧化碳的气体通过装有固体吸附剂的吸附柱或吸附床。二氧化碳分子通过物理吸附或化学键合作用，被吸附在吸附剂表面。常用的吸附剂包括活性炭、分子筛、氧化铁和金属有机骨架（MOFs）。吸附剂的性能直接影响捕集效率和再生成本，因此吸附剂的选择至关重要。

例如，MOFs 因其高孔隙率和可调节的孔径结构，成为一种极具潜力的吸附剂。MOFs 中的金属离子和有机配体可以通过表面的官能团与二氧化碳分子结合，从而实现高效的二氧化碳捕集。

2. 脱附阶段

在脱附阶段，吸附剂需要通过加热、减压或吹扫等方式，将吸附的二氧化碳释放出来，再生吸附剂以备循环使用。例如，在活性炭吸附法中，通过加热使二氧化碳分子从活性炭表面脱附，再生活性炭。

（二）吸附法的主要特点

高效性：吸附法适用于低浓度二氧化碳捕集，尤其在混合气体环境中表现优异。

灵活性：吸附法适用于各种规模的工业排放源，设备易于安装和维护。

能耗与成本高：吸附法的脱附阶段通常需要一定的能耗，吸附剂的再生成本也会影响整体经济性。

（三）吸附法的优化与应用

为了提高吸附法的效率和降低成本，研究人员进行了大量的优化工作。

新型吸附剂开发：开发高效、高容量的吸附剂，如碳纳米管、磁性氧化物和金属有机骨架（MOFs），以提高二氧化碳捕集效率。

吸附剂再生优化：通过改进脱附过程，如采用低压脱附或化学吹扫，降低吸附剂再生的能耗。

复合吸附技术：将多种吸附剂组合在一起，利用不同吸附剂的特性，提高二氧化碳捕集效率。

工业应用案例：美国的NET Power项目成功地将吸附法应用于天然气发电厂的二氧化碳捕集，实现了近零排放。

三、分离法（Separation）

分离法通过物理或化学手段将二氧化碳从混合气体中分离出来。与吸收法和吸附法不同，分离法不依赖于化学反应，而是利用气体的物理特性或化学性质差异实现分离。

（一）分离法的基本原理

分离法通常包括以下两种主要技术：膜分离、变压吸附。

1. 膜分离（Membrane Separation）

膜分离技术利用特殊膜材料的选择性渗透性，将二氧化碳从混合气体中分离出来。例如，中空纤维膜或聚合物膜可以允许二氧化碳分子通过，而其他气体则被阻挡。这种方法通常适用于中低浓度二氧化碳的捕集。

膜分离技术的关键在于膜材料的选择。例如，聚酰亚胺膜和聚碳酸酯膜因其优良的选择透过性和化学稳定性，成为常用的膜材料。通过优化膜的孔径和化学结构，可以提高分离效率并延长膜的使用寿命。

2. 变压吸附（Pressure Swing Adsorption，PSA）

变压吸附技术通过调整气体的压力，使二氧化碳与其他气体分离。在高压条件下，二氧化碳被吸附在吸附剂表面；在低压条件下，二氧化碳从吸附剂表面脱附。这种方法通常适用于高压工业气体的二氧化碳捕集。

（二）分离法的主要特点

高效性：分离法在特定场景下具有较高的捕集效率，尤其是膜分离技术在中低浓度二氧化碳捕集中表现优异。

广泛适用性：分离法适用于多种工业场景，包括石油化工厂、天然气处理厂和合成气制备厂。

维护成本高：膜分离技术的膜材料需要定期更换，增加了维护成本。

（三）分离法的优化与应用

为了提高分离法的效率和降低成本，研究人员进行了大量的优化工作。

新型膜材料开发：开发高效、高选择性的膜材料，如纳米复合膜和功能化聚合物膜，以提高二氧化碳捕集效率。

膜结构优化：通过改进膜的结构，如增加层数或优化孔径分布，提高二氧化碳捕集效率并延长膜的使用寿命。

集成系统设计：将膜分离技术与其他二氧化碳捕集技术（如吸收法和吸附法）相结合，实现高效的二氧化碳捕集和分离。

工业应用案例：美国的 Permian 盆地项目成功地将膜分离技术应用于天然气处理厂的二氧化碳捕集，二氧化碳年捕集能力达到约 100 万吨。

二氧化碳捕集技术是实现碳中和目标的关键技术之一，其发展和应用对于全球气候变化减缓具有重要意义。吸收法、吸附法和分离法各具特点和优劣，适用于不同的工业场景和技术需求。为了提高这些技术的效率和降低成本，研究人员和企业正在不断探索和优化各种方法。

四、二氧化碳回收液化技术

二氧化碳回收液化技术不仅能有效减少二氧化碳排放，还能将回收的二氧化碳转化为有价值的工业产品，实现资源的循环利用。下面将详细介绍二氧化碳回收液化技术的基本原理、工艺流程、设备选择及应用前景。

（一）二氧化碳回收液化的重要性

随着全球对环境保护的关注日益增加，二氧化碳回收液化技术成了减少温室气体排放的重要手段之一。根据联合国政府间气候变化专门委员会（IPCC）的报告，CO_2 排放是导致全球变暖的主要原因之一。通过回收和液化 CO_2，不仅可以减少大气中的 CO_2 浓度，还能将其用于工业生产，如生产甲醇、尿素、食品级 CO_2 等。此外，二氧化碳回收液化技术在能源和化工等领域具有显著的经济效益。

（二）二氧化碳回收液化的基本原理

二氧化碳回收液化技术的核心是将工业生产过程中产生的二氧化碳气体进行捕集、净化、压缩和液化。具体步骤如下。

捕集：从工业废气中捕集 CO_2 气体。常见的捕集方法包括物理吸收法、化学吸收法、变压吸附法、膜分离法等。其中，化学吸收法以其高效的捕集能力和成熟的工艺，成为最常用的方法之一。

净化：捕集到的 CO_2 气体通常含有杂质，如水分、硫化物、氮氧化物等。这些杂质会影响后续的液化过程和产品质量。因此，需要进行净化处理。常用的净化方法包括干燥、脱硫、脱硝等。

压缩：净化后的 CO_2 气体需要通过多级压缩机将其压力提升到液化所

需的水平。压缩过程中，CO_2 气体的温度会升高，因此，需要配套冷却系统以防止过热。

液化：压缩后的 CO_2 气体在低温下冷却至其临界温度以下，使其转变为液体状态。液化过程中常用的制冷剂包括氨、氟利昂等，近年来，CO_2 跨临界制冷循环也得到了广泛应用。

（三）工艺流程

1. 吸收工段

吸收工段是二氧化碳回收液化工艺的第一步，主要任务是从工业废气中捕集 CO_2。以吉林长山化肥集团长达有限公司的二氧化碳回收项目为例，该项目采用了化学吸收法，具体流程如下。

烟气预处理：工业废气（如合成氨生产过程中的尾气）通过风机从烟道引出，经过脱硫、脱硝、除尘等预处理步骤，去除其中的有害成分，确保进入吸收塔的气体清洁。

吸收塔：预处理后的烟气进入吸收塔，与吸收剂［如一乙醇胺（MEA）］接触。CO_2 气体与 MEA 发生化学反应，形成富液。吸收塔内设有填料层，以增加气液接触面积，提高吸收效率。

解吸塔：富液通过泵输送到解吸塔，在解吸塔内加热，使 CO_2 从富液中解吸出来。解吸塔顶部设有冷凝器和气液分离器，用于分离解吸出的 CO_2 气体和 MEA 溶液。

贫富液换热：解吸后的贫液与进入吸收塔的富液进行热交换，回收热量，降低能耗。

2. 预处理工段

预处理工段的主要任务是对捕集到的 CO_2 气体进行进一步的净化和加压，使其达到液化所需的条件。具体流程如下：

除水：通过冷却和气液分离器，去除 CO_2 气体中的水分，防止水分在后续液化过程中冻结，影响设备正常运行。

除氧和氮：通过深冷分离或其他物理化学方法，去除 CO_2 气体中的氧气和氮气，提高 CO_2 气体的纯度。

压缩：经过净化的 CO_2 气体通过多级压缩机压缩，使其压力达到液化所需的水平。压缩过程中，CO_2 气体的温度会升高，因此需要配套冷却系统。

冷却：压缩后的 CO_2 气体通过换热器冷却至低温，使其达到液化温度。冷却过程中，CO_2 气体的温度逐渐降低，最终转变为液体状态。

3. 液化工段

液化工段是二氧化碳回收液化工艺的关键环节，主要任务是将压缩后的 CO_2 气体冷却至液化温度，并储存在低温储罐中。具体流程如下：

预冷：压缩后的 CO_2 气体通过预冷器冷却，使其温度降至接近液化温度。预冷器通常采用间接冷却方式，使用制冷剂（如氨或 CO_2 跨临界制冷剂）进行冷却。

冷凝蒸发器：预冷后的 CO_2 气体进入冷凝蒸发器，在冷凝蒸发器中与制冷剂发生热交换，CO_2 气体逐渐冷却并开始液化。冷凝蒸发器的设计通常采用套管式换热器，以提高换热效率。

闪蒸罐：液化后的 CO_2 进入闪蒸罐，轻组分（如氮气、氧气）从闪蒸罐顶部排出，液态 CO_2 则从底部排出，进入低温储罐储存。

低温储罐：液态 CO_2 储存在低温储罐中，低温储罐需要具备良好的保温性能，防止 CO_2 液体蒸发。低温储罐通常采用双层结构，外层进行保温处理。

（四）设备选择与优化

二氧化碳回收液化系统的设备选择至关重要，直接影响系统的性能和经济性。以下是主要设备的选择与优化。

1. 压缩机

压缩机是二氧化碳回收液化系统中最重要的动力设备之一，负责将

CO_2 气体压缩至液化所需的高压状态。压缩机的选择需要考虑压缩比、功耗、效率等因素。常见的压缩机类型包括往复式压缩机、离心式压缩机等。为了降低功耗，通常采用多级压缩，并配备高效的冷却系统。

2. 吸收塔与解吸塔

吸收塔和解吸塔是二氧化碳回收液化系统的核心设备。吸收塔用于捕集 CO_2 气体，解吸塔用于释放 CO_2 气体。两者的选择需要考虑气液接触面积、传质效率、压力损失等因素。

3. 换热器

换热器用于回收系统中的热量，降低能耗。常见的换热器类型包括板式换热器、管壳式换热器等。选择换热器需要考虑换热面积、传热系数、流体流速等因素，以确保高效的热交换。

4. 冷却系统

冷却系统用于降低 CO_2 气体的温度，使其达到液化所需的低温条件。冷却系统的设计需要考虑制冷剂的选择、制冷效率、冷却水的循环利用等因素。为了提高制冷效率，通常采用多级冷却系统。

（五）经济效益与环境效益

1. 经济效益

二氧化碳回收液化技术具有显著的经济效益。以吉林长山化肥集团长达有限公司为例，该项目建成后，年液化 CO_2 产量达到 10 万吨，年创销售收入 1965. 8 万元，扣除年制造成本 895. 6 万元，年利润为 1070. 2 万元。投资回收期约为 1. 64 年，具有良好的经济效益。

此外，二氧化碳回收液化技术还可以减少企业的能源消耗。根据计算，该项目每年可节能折标煤约 12 858 吨，降低企业的运营成本。

2. 环境效益

二氧化碳回收液化技术对环境保护具有重要意义。通过回收和液化

CO_2，减少了工业废气中的 CO_2 排放，有效缓解了温室效应。以吉林长山化肥集团长达有限公司为例，该项目每年可减少 7500Nm^3/h 的 CO_2 排放，相当于每年减少约 10 万吨的 CO_2 排放量，对改善空气质量、减缓气候变化具有积极作用。

此外，二氧化碳回收液化技术还可以减少其他污染物的排放。例如，在捕集 CO_2 的过程中，同步去除废气中的硫化物、氮氧化物等有害成分，进一步降低了工业废气对环境的影响。

（六）应用前景

1. 工业应用

二氧化碳回收液化技术广泛应用于化工、钢铁、水泥等高排放行业。通过回收和液化 CO_2，企业不仅可以减少温室气体排放，还能将其转化为有价值的工业产品，如甲醇、尿素等。例如，5 万吨/年燃煤电厂烟气 CO_2 捕集及后续 3.5 万吨/年制甲醇项目，不仅实现了 CO_2 的减排，还生产出了高附加值的甲醇产品。

2. 农业应用

二氧化碳作为植物气肥，可以显著提高农作物的产量和质量。研究表明，适当增加温室中的 CO_2 浓度，可以促进植物的光合作用，提高作物的生长速度和产量。此外，CO_2 还可以用于食品冷藏保鲜，延长食品的保质期。

3. 环境保护

二氧化碳回收液化技术是应对气候变化的重要手段之一。通过回收和液化 CO_2，可以有效减少大气中的 CO_2 浓度，缓解温室效应。此外，CO_2 还可用于油田助采，提高石油采收率。

（七）技术挑战与发展趋势

尽管二氧化碳回收液化技术具有诸多优势，但在实际应用中仍面临一些挑战。例如，二氧化碳捕集成本较高，尤其是对于低浓度的 CO_2 气体，捕集难度很大。此外，二氧化碳液化过程中的能耗问题也需要进一步优化。

未来，二氧化碳回收液化技术的发展趋势将集中在以下几个方面。

提高捕集效率：开发更高效的二氧化碳捕集技术，降低捕集成本。例如，采用新型吸收剂、膜分离技术等。

降低能耗：优化液化工艺，降低液化过程中的能耗。例如，采用多级压缩、余热回收等技术。

拓展应用领域：探索二氧化碳在更多领域的应用，例如，生产有机化工产品、合成燃料等，进一步提高二氧化碳的经济价值。

第二节　二氧化碳化学利用技术

二氧化碳的化学利用技术在解决气候变化问题的同时，为人类提供了一种将工业废气转化为宝贵资源的方法。通过化学转化，不仅可以减少大气中的温室气体浓度，还能为化学品、燃料和材料的生产提供可持续的途径。本节将详细探讨二氧化碳在不同领域的化学应用，包括转化为化学品、燃料以及高附加值化学品的技术路线及其前景。

一、二氧化碳转化成化学品

将二氧化碳转化为化学品是二氧化碳利用的重要方向之一。通过化学反应，二氧化碳可以转化为多种有机化合物，从而实现资源的循环利用。

（一）二氧化碳转化为甲烷

甲烷（CH_4）是一种重要的天然气成分，不仅可以作为燃料，还可以用于生产甲醇、氨和其他化学品。二氧化碳转化为甲烷的过程通常涉及氢气和催化剂的参与。

1. 反应原理

在二氧化碳加氢反应中，二氧化碳与氢气在催化剂的作用下发生反应，生成甲烷和水，如下所示：

$CO_2 + 4H_2 \rightarrow CH_4 + 2H_2O$

这一反应的进行需要克服较高的活化能，因此催化剂的选择至关重要。目前常用的催化剂包括镍基催化剂、铜基催化剂和氧化物催化剂。其中，镍基催化剂因其较高的活性和稳定性，被广泛应用于工业甲烷合成过程。

2. 催化剂的开发与优化

为了提高二氧化碳加氢反应的效率，研究人员致力于开发新型催化剂。例如，负载型纳米催化剂，通过提高活性金属的分散性，显著提升了催化性能。此外，分子筛和氧化物载体也被用于改善催化剂的稳定性和选择性。

3. 应用实例

二氧化碳加氢合成甲烷的技术已经在某些工业场景中得到应用。例如，荷兰的 Shell 项目成功地将二氧化碳和氢气转化为合成天然气（SNG），并将其注入天然气网络中。这种技术不仅减少了温室气体排放，还为天然气的可持续供应提供了新的途径。

4. 经济效益与挑战

尽管二氧化碳转化为甲烷的技术前景广阔，但大规模应用仍面临一些挑战。首先，氢气的获取需要大量能源投入，尤其是在使用化石燃料制氢的情况下，可能会产生额外的二氧化碳排放。因此，采用可再生能源制氢（如电解水制氢）是实现这一过程可持续性的关键。

其次，合成甲烷的成本较高，尤其在氢气供应不足的地区，技术经济性会受到影响。未来，随着可再生能源成本的下降和催化剂技术的进步，这一技术将更具竞争力。

（二）二氧化碳转化为甲酸

甲酸（HCOOH）是一种重要的有机化学品，广泛应用于化肥、皮革加工和纺织品工业。二氧化碳转化为甲酸的过程可以通过电化学方法或催化加氢实现。

1. 反应原理

二氧化碳转化为甲酸的主要反应式为：

$CO_2 + H_2 \rightarrow HCOOH$

这一反应需要高温、高压，并且需要高效催化剂来促进反应的进行。在某些情况下，可以通过电解水的方式，将二氧化碳还原为甲酸。

2. 催化剂的选择与优化

为了提高反应效率，研究人员开发了多种新型催化剂。例如，基于过渡金属的纳米催化剂在提高二氧化碳转化为有机酸的效率方面显示出了优异性能。此外，分子筛和多孔材料也被用于增强催化剂的选择性。

3. 应用与前景

甲酸的市场需求主要集中在化工和农业领域。二氧化碳转化为甲酸的技术不仅减少了温室气体排放，还为可持续化学品生产提供了新的途径。随着催化剂技术的进一步优化和能源成本的下降，这一技术的经济性将进一步提升。

4. 技术挑战

尽管二氧化碳转化为甲酸的技术已取得了一定进展，但大规模应用仍面临一些挑战。例如，催化剂的长期稳定性和选择性仍需进一步提高，以确保反应的经济性。此外，氢气的供应问题也需要通过优化制氢工艺来解决。

（三）二氧化碳转化为甲醇

甲醇（CH_3OH）是一种重要的燃料和化工原料，广泛应用于生产甲醛、醋酸和甲酸等化学品。二氧化碳转化为甲醇的过程涉及二氧化碳加氢反应，通常采用催化剂来促进反应的进行。

1. 反应原理

二氧化碳转化为甲醇的反应式如下：

$CO_2 + 3H_2 \rightarrow CH_3OH + H_2O$

这一反应需要在高温高压条件下进行，并且需要高效催化剂来加速反应进程。目前，铜基催化剂和锰基催化剂因其高活性和稳定性，被广泛应用于工业甲醇合成过程。

2. 催化剂的开发与优化

为了提高催化效率，研究人员致力于开发新型催化剂和改进反应条件。例如，纳米催化剂和负载型催化剂通过提高活性金属的分散性，显著提升了催化性能。此外，反应工艺的优化，如温度和压力的控制，也对提高甲醇产量和选择性起到了重要作用。

3. 工业应用实例

二氧化碳转化为甲醇的技术在工业领域中得到了广泛应用。例如，日本的 Toyota 项目通过将二氧化碳和氢气转化为甲醇，为可持续燃料的生产提供了新的解决方案。不仅减少了温室气体排放，还为甲醇的可持续供应提供了保障。

4. 经济效益与挑战

尽管二氧化碳转化为甲醇的技术具有广阔前景，但大规模应用仍面临一些挑战。例如，氢气的获取需要大量能源投入，尤其是在使用化石燃料制氢的情况下，可能会产生额外的二氧化碳排放。因此，采用可再生能源制氢是实现这一过程可持续性的关键。

此外，甲醇生产过程中的能耗和成本问题也需要通过优化催化剂和反应工艺来解决。未来，随着可再生能源成本的下降和催化剂技术的进步，这一技术将更具竞争力。

（四）二氧化碳转化为碳酸盐

碳酸盐是一种重要的工业原料，广泛应用于建筑材料、制药工业、农业等领域。二氧化碳与碱性物质反应可生成碳酸盐，从而实现二氧化碳的固定和资源化利用。

1. 反应原理

二氧化碳与碱性物质（如氢氧化钠、氢氧化钙）反应生成碳酸盐，反应式如下：

$$CO_2 + 2NaOH \rightarrow Na_2CO_3 + H_2O$$

$$CO_2 + Ca(OH)_2 \rightarrow CaCO_3 + H_2O$$

这些反应通常在常温或稍高于常温条件下进行，适用于大规模工业生产。

2. 应用与前景

碳酸盐的市场需求主要集中在建筑材料和农业领域。二氧化碳转化为碳酸盐的技术不仅减少了温室气体排放，还为可持续材料生产提供了新的途径。随着市场需求的增长和技术的进步，这一技术的应用前景将更加广阔。

3. 技术挑战

尽管二氧化碳转化为碳酸盐的技术相对成熟，但大规模应用仍面临一些挑战。例如，碱性物质的获取和运输成本可能影响技术经济性。此外，生成碳酸盐产生的副产品处理问题也需要通过优化工艺来解决。

二、二氧化碳转化成燃料

将二氧化碳转化成燃料是实现能源可持续发展的重要途径之一。通过化学反应，二氧化碳可以转化为多种类型的燃料，从而减少对化石燃料的依赖。

（一）电解二氧化碳制氢

电解二氧化碳和水可以在高温环境下生成氢气和碳基燃料。

1. 反应原理

该过程通常将二氧化碳介入水电解系统，生成氢气、一氧化碳和其他碳基化合物，反应式如下：

$$CO_2 + 2H_2O \rightarrow 2H_2 + CO_2$$（在电极条件下生成 CO 和 CH_4）

这一技术尤其适用于可再生能源丰富的地区，可以将间歇性的可再生能源转换为稳定的能源形式。

2. 催化剂的选择与优化

为了提高反应效率，研究人员开发了多种新型催化剂，包括贵金属基催化剂和氧化物基催化剂。例如，铂基催化剂因其高效的催化性能，被广泛应用于电解反应中。

3. 应用与前景

电解二氧化碳制氢技术的前景广阔，尤其是在可再生能源发电成本不断下降的推动下，这一技术的经济性将显著提升。例如，德国的 Sunfire 项目成功地将非化石能源生产的氢气与二氧化碳结合，生成合成甲烷，并将其注入天然气网络中。

4. 技术挑战

尽管电解二氧化碳制氢技术具有广阔的前景，但大规模应用仍面临一些挑战。例如，电极材料的成本和寿命问题需要通过进一步研究来解决。此外，工艺设计的优化和能源效率的提升也是实现这一技术可持续性的重要因素。

（二）二氧化碳还原成碳基燃料

通过光催化或电催化方法，二氧化碳可以被还原成各种碳基燃料，如甲烷、乙烷和乙醇等。

1. 反应原理

在光催化或电催化过程中，二氧化碳在催化剂和外部能源的作用下被还原成有机化合物，反应式如下：

$CO_2 + H_2O +$ 光能 $\rightarrow CH_4 + O_2$

$CO_2 + H_2O +$ 电能 $\rightarrow C_2H_5OH + O_2$

这些反应通常需要特定的催化剂和外部能源支持，适用于间歇性的可再生能源场景。

2. 催化剂的选择与开发

为了提高催化效率，研究人员致力于开发高效催化剂。例如，多孔半导体材料和纳米催化剂因其优异的催化性能，被广泛应用于二氧化碳还原反应中。此外，反应工艺的优化和催化剂再生技术的研发，也有助于提高技术经济性。

3. 应用与前景

二氧化碳还原成碳基燃料的技术具有广阔的应用前景，尤其是在分布式能源系统中，可以实现能源的本地生产和消费。例如，美国的 Hyperlight 项目通过光催化方法将二氧化碳和水转化为清洁燃料，为可持续能源供应提供了新途径。

4. 技术挑战

尽管二氧化碳还原成碳基燃料的技术前景广阔，但在实际应用中仍面临一些挑战。例如，催化剂的成本和寿命问题需要通过进一步研究来解决。此外，外部能源的供应和工艺设计的优化，也是实现这一技术可持续性的重要因素。

三、二氧化碳转化成高附加值化学品

将二氧化碳转化为高附加值化学品是化学工业可持续发展的重要方向之一。通过多步反应，二氧化碳可以转化为各种有机化合物，从而实现资源的高效利用。

（一）二氧化碳转化为有机碳化合物

有机碳化合物是一类广泛应用于化工、制药和材料工业的化学品。通过多步反应，二氧化碳可以转化为聚酯、聚醚和聚碳酸酯等材料。

1. 反应原理

二氧化碳转化为有机碳化合物的过程通常需要多种催化步骤和反应条

件。例如，二氧化碳与甲醇在催化剂的作用下生成碳酸二甲酯，随后通过多步反应生成聚酯和其他有机化合物。

这些反应通常需要在高温或高压条件下进行，并且需要高效催化剂来加速反应进程。

2. 催化剂的选择与优化

为了提高催化效率，研究人员开发了多种新型催化剂，包括多孔材料和负载型催化剂。例如，介孔材料和分子筛因其优异的孔结构和催化性能，被广泛应用于有机碳化合物的合成过程。

3. 应用与前景

普通化学品的市场需求庞大，二氧化碳转化为有机碳化合物的技术不仅减少了温室气体排放，还为可持续化学品生产提供了新的途径。随着市场需求的增长和技术的进步，这一技术的应用前景将更加广阔。

4. 技术挑战

尽管二氧化碳转化为有机碳化合物的技术已取得一定进展，但大规模应用仍面临一些挑战。例如，反应工艺的复杂性和催化剂的成本问题需要通过进一步研究来解决。此外，过程能量消耗和安全性问题也是需要重点关注的技术难点。

（二）二氧化碳转化为多元醇

多元醇是一类重要的有机化合物，广泛应用于涂料、弹性体和塑料工业。通过与氢气的反应，二氧化碳可以转化为多元醇，从而为材料工业提供可持续的原料。

1. 反应原理

二氧化碳与氢气在催化剂的作用下发生加成反应，生成多元醇。这一反应通常需要在高温高压条件下进行，并且需要高效催化剂来促进反应进程。

2. 催化剂的选择与开发

为了提高催化效率，研究人员致力于开发新型催化剂。例如，负载型金属催化剂和纳米催化剂因其优异的催化性能，被广泛应用于多元醇的合成过程。

3. 应用与前景

多元醇的市场需求主要集中在涂料和塑料工业。二氧化碳转化为多元醇的技术不仅减少了温室气体排放，还为可持续材料生产提供了新的途径。随着市场需求的增长和技术的进步，这一技术的应用前景将更加广阔。

4. 技术挑战

尽管二氧化碳转化为多元醇的技术前景广阔，但大规模应用仍面临一些挑战。例如，催化剂的成本和寿命问题需要通过进一步研究来解决。此外，反应工艺的优化和能量效率的提升，也是实现这一技术可持续性的关键。

结语

二氧化碳化学利用技术为解决气候变化问题和实现可持续发展提供了重要途径。通过转化为化学品、燃料和高附加值材料，二氧化碳可以实现资源的循环利用，从而减少温室气体排放并为工业生产提供新的资源。

然而，这一过程仍面临诸多挑战，包括催化剂的选择与优化、工艺设计的改进以及经济性的提升。未来，随着技术研究的深入和工业应用的不断扩展，二氧化碳化学利用技术必将为全球碳中和目标的实现做出更大的贡献，推动人类社会走向可持续发展的未来。

第三节 二氧化碳封存技术

二氧化碳封存技术是一种关键的碳减排技术，它通过将二氧化碳捕获并封存在地下，从而减少其向大气的排放，减缓全球变暖的速度。作为实现碳中和目标的重要手段之一，CCS 技术受到了国际社会的广泛关注和积极推动。本节将详细介绍二氧化碳封存技术的基本原理、主要类型、应用实例及其面临的挑战和解决方案。

一、二氧化碳封存技术的基本原理

二氧化碳封存技术主要包括三个核心环节：二氧化碳的捕获、运输和地下储存。这三个环节环环相扣，共同构成了一个完整的二氧化碳管理系统。

1. 二氧化碳捕获

捕获是二氧化碳封存技术的起点，其目标是从工业排放源中捕获高质量的二氧化碳。捕获技术可以分为以下几种。

燃烧后捕获（Post - Combustion Capture，PCC）：主要应用于燃煤电厂和燃气电厂。通过胺类吸收剂、化学吸收剂或物理吸附剂从烟气中捕获二氧化碳。

燃烧前捕获（Pre - Combustion Capture，PCC）：在燃料燃烧前，通过煤气化或其他工艺生成合成气，随后分离出二氧化碳。

富氧燃烧（Oxy - Combustion）：在富氧环境下燃烧燃料，生成高浓度的二氧化碳，便于后续捕获。

2. 二氧化碳运输

捕获到的二氧化碳需要通过特定的方式运输至储存地点。常见的运输方式包括以下几种。

管道运输：利用专用的二氧化碳输送管道，适用于大规模、长距离的运输。

船只运输：通过特制的二氧化碳运输船，将二氧化碳运至储存地点，尤其适用于海上储存项目。

卡车运输：对于小型项目或临时项目，可以使用卡车运输二氧化碳，但这种方式运输成本较高。

3. 地下储存

二氧化碳的地下储存是 CCS 技术的关键环节。储存地点需要具备良好的地质条件，确保二氧化碳能够长期稳定封存，不会泄漏至大气。主要的储存方式包括以下几种。

深层咸水层储存（Deep Saline Aquifers Storage）：利用深层地下咸水层的孔隙空间储存二氧化碳，这类储存地点分布广泛，储存容量巨大。

枯竭的油气田储存（Depleted Oil and Gas Reservoirs Storage）：将二氧化碳注入已开采完毕的油气田，既可以封存二氧化碳，还可以通过气驱技术提高油气采收率。

深海储存（Deep Ocean Storage）：将二氧化碳注入深海中，利用高压和低温条件防止其逸出。这种方法的应用受到一定的技术和环境限制。

二、二氧化碳封存技术的主要类型。

根据储存地点和储存方式的不同，二氧化碳封存技术可以分为以下几种主要类型。

1. 地质储存（Geological Storage）

地质储存是目前最为成熟和广泛采用的二氧化碳储存技术。它利用地下地质构造，如深层咸水层或枯竭油气田，将二氧化碳永久封存。以下是地质储存的几个关键点。

地质选址：选择合适的储存地点需要综合考虑地质稳定性、储存容量、地质构造的封闭性等因素。通常需要通过详细的物理勘探和地质分析来确定。

注入工艺：通过专用的注入井，将液态或超临界二氧化碳注入地下储存层。注入过程中需要严格控制压力和注入速率，以确保储存过程的安全性。

监测与封存：在二氧化碳注入后，需要通过长期的监测系统（如地震监测、压力监测和化学分析）来确保二氧化碳不会泄漏至大气或地下水系统。此外，可以通过注水泥或其他封堵材料对注入井进行封堵，以进一步提高安全性。

2. *海洋储存*（Marine Storage）

海洋储存技术是将二氧化碳注入深海或海底，利用高压和低温条件防止其逸出。这种方法的优势在于深海具有巨大的储存容量，但储存技术和环境风险需要高度重视。

深海储存：二氧化碳以液态或超临界状态被直接注入深海，利用高压环境防止其上升至表层。这种方法的缺点是可能对海洋生态系统造成影响，且缺乏长期的技术经验。

海底储存：将二氧化碳注入海底地质构造中，如盐层或玄武岩层。这种方法结合了地质储存的优点，同样面临技术和环境挑战。

3. *矿石储存*（Mineral Storage）

矿石储存技术是通过化学反应将二氧化碳固定在矿石中，从而实现长期封存。这种方法尤其适用于富含镁、钙等金属的矿床。

水镁石储存：通过二氧化碳与水镁石反应生成稳定的碳酸镁矿物，实现二氧化碳的固定。

玄武岩储存：在玄武岩地质构造中，二氧化碳与镁和钙等金属离子反应，生成稳定的碳酸盐矿物，实现封存。

三、二氧化碳封存技术的应用实例

为了更好地理解二氧化碳封存技术的实际应用，以下列举几个具有代表性的 CCS 项目。

1. 挪威的斯莱普纳项目（Sleipner Project）

斯莱普纳项目是全球第一个大规模的二氧化碳封存项目，由挪威国家石油公司（Equinor）于 1996 年启动。该项目通过从天然气田中分离出二氧化碳，并将其注入地下约 1000 米的深层咸水层中。截至目前，该项目已成功封存超过 200 万吨二氧化碳，成为 CCS 技术成功应用的经典案例。

2. 美国的 Permian 盆地项目

在美国得克萨斯州的 Permian 盆地，二氧化碳被注入枯竭的油气田中，用于提高原油采收率（Enhanced Oil Recovery，EOR）。通过气驱技术，二氧化碳与原油发生物理反应，降低原油黏度，从而提高采收率。这种方式不仅实现了二氧化碳的封存，还带来了额外的经济效益。

3. 印度尼西亚的油田注入项目

印度尼西亚的油田注入项目通过将二氧化碳注入枯竭的油田，实现了二氧化碳的封存和原油采收率的提高。这种“双赢”模式为 CCS 技术的推广提供了宝贵经验。

4. 加拿大的萨斯喀彻温省边界坝项目（Boundary Dam Project）

加拿大的萨斯喀彻温省边界坝项目是全球首个将二氧化碳封存技术应用于燃煤电厂的项目，通过燃烧后捕获技术，成功地将燃煤电厂排放的二氧化碳捕获，并将其注入深层咸水层进行封存。该项目的成功运行标志着 CCS 技术在燃煤电厂中的应用进入了一个新的阶段。

四、二氧化碳封存技术的挑战与解决方案

尽管二氧化碳封存技术已经被证明是实现碳中和的重要手段，但大规模应用仍然面临诸多挑战。

1. 技术成本高昂

CCS 技术的初始投资和运营成本较高，主要包括捕获装置、运输管道、储存设施的建设和维护成本。此外，捕获和储存过程中的能源消耗也增加了整体成本。

解决方案包括以下几种。

技术创新：通过研发新型捕获技术和优化储存工艺，提高技术效率，降低成本。

政策支持：政府可以通过提供财政补贴、税收优惠或碳定价机制，激励企业投资和应用 CCS 技术。

规模经济：通过建立大规模的 CCS 项目，利用规模经济降低成本，尤其是在沿海或工业集中地区。

2. 能源消耗与碳足迹

CCS 技术在捕获、运输和储存二氧化碳的过程中需要消耗大量能源，可能增加整体碳足迹，影响减排效果。

解决方案包括以下几种。

能源效率提升：采用低能耗的技术，如化学吸收法、物理吸附法和膜分离法等，减少能源消耗。

循环经济模式：将捕获的二氧化碳用于生产化学产品或其他工业应用，实现资源的有效利用，降低整体能耗。

与可再生能源相结合：将 CCS 技术与可再生能源发电结合，确保在捕获过程中使用的能源来自清洁能源，从而提高整体减排效果。

3. 储存安全性与容量限制

二氧化碳的储存环节面临安全隐患和储存容量有限的问题。例如，储存设施可能因地质结构不稳定或泄漏风险而导致环境问题。

解决方案包括以下几种。

地质稳定性评估：使用先进的地质勘探技术，选择合适的储存地点，确保地质结构稳定，降低泄漏风险。

多层储层开发：采用多层储层技术，增加储存容量，同时利用不同储层的特性提高储存效率和安全性。

监测技术提升：采用高精度监测设备和实时数据反馈系统，及时发现和处理储存中的异常情况，保障储存设施的长期安全。

4. 政策支持与法规不完善

缺乏统一的政策支持和完善的法规体系，是制约 CCS 技术发展的重要因素。不同国家和地区在政策支持力度上差异较大，影响了技术的全球推广。

解决方案包括以下几种。

国际协作机制：建立多国协作机制，共同制定和推行统一的政策框架，促进技术的标准化和全球化应用。

碳交易市场：完善碳交易市场机制，将 CCS 技术纳入碳信用体系，为企业提供更多的经济激励。

法规优化：制定和更新相关法规，明确 CCS 技术的应用标准和责任归属，为企业的投资提供法律保障。

5. 公众接受度与社会认知

公众对 CCS 技术的认知不足或误解会影响其应用和推广，尤其是在涉及大规模储存和潜在安全隐患时。

解决方案包括以下几种。

科普教育：通过媒体宣传、社区讲座和教育项目等方式，向公众普及

CCS 技术的基本原理和应用价值，消除误解。

透明沟通：在项目规划和实施过程中，保持与当地社区的透明沟通，及时回应公众关切，树立企业和社会的良好形象。

成功案例示范：通过展示成功的 CCS 项目案例，向公众展示该技术在实际应用中的效果和安全性，增强社会接受度。

五、二氧化碳封存技术的未来展望

尽管目前 CCS 技术面临诸多挑战，但随着技术的进步和全球范围内的协作，该技术的未来发展前景广阔。

1. 技术的持续创新与优化

随着新材料、新工艺和新技术的不断涌现，CCS 技术的效率和经济性将得到显著提升。例如，新型捕获材料和催化剂的研发，不仅可以提高捕获效率，还可以降低能源消耗和运营成本。

2. 国际合作与知识共享

CCS 技术的推广需要广泛的国际合作，特别是在技术转让和知识共享方面，许多发展中国家可能面临技术获取和应用的困境。通过建立国际技术交流平台和项目合作机制，可以加速技术的普及和应用。

3. 政策的支持与完善

各国政府需要进一步加强政策支持，通过立法、财政激励和市场机制，为 CCS 技术的推广创造良好的政策环境。例如，通过制定碳定价机制，激励企业应用 CCS 技术；通过设立专项基金，支持 CCS 技术的研发和示范项目。

4. 公众教育与社会参与

提高公众对 CCS 技术的认知和接受度，是实现技术广泛应用的重要基础。通过开展科普教育活动、社区参与项目和媒体宣传活动，可以增强公众对 CCS 技术的信任和支持，为技术的推广创造良好的社会环境。

5. 与其他技术的协同应用

CCS 技术并非单一的碳减排解决方案，而是可以在不同领域与其他技术协同应用的综合技术。例如，将 CCS 技术与可再生能源技术结合，可以实现更高效的碳减排；将 CCS 技术与循环经济模式结合，可以实现资源的高效利用和经济的可持续发展。

结语

二氧化碳封存技术作为实现碳中和目标的重要手段之一，在全球气候变化治理中发挥着越来越重要的作用。通过将二氧化碳捕获并封存在地下，不仅能够显著减少大气中的温室气体浓度，还为实现可持续发展和应对气候变化提供了有效的解决方案。

然而，CCS 技术的广泛应用仍然面临诸多挑战，包括技术成本高昂、能源消耗大、储存安全性要求高以及政策支持不足等。为了克服这些挑战，需要通过技术创新、政策激励、国际合作和公众教育等多方面的努力，推动 CCS 技术的持续发展和广泛应用。

未来，随着技术进步和全球协作的不断深化，CCS 技术必将在全球碳减排行动中发挥更加重要的作用，为实现碳中和目标和构建可持续发展作出重要贡献。

第四节　CCUS 技术在降低碳排放中的应用和潜力

碳捕获、利用与储存（CCUS）技术是实现碳中和目标的重要手段之一。通过捕获工业和能源生产过程中排放的二氧化碳，并将其用于商业用途或封存于地下，不仅能够显著减少温室气体排放，还能为经济发展提供支持。本节将详细探讨 CCUS 技术在不同领域的应用及潜力。

一、降低工业碳排放

工业领域的碳排放是全球温室气体排放的主要来源之一。CCUS 技术在这一领域的应用具有重要意义，特别是在高排放行业（如发电厂、钢铁和水泥工业）。

（一）发电厂

发电厂是全球碳排放的重要源头，特别是燃煤和燃气电厂。通过应用 CCUS 技术，可以有效捕获发电过程中排放的二氧化碳，从而大幅降低电力行业的碳排放。

1. CCUS 在燃煤电厂的应用

燃煤电厂是全球碳排放的主要来源之一。传统的燃煤发电过程会释放大量的二氧化碳，这些排放如果不加以控制，将对气候变化产生深远影响。CCUS 技术可以通过以下步骤实现燃煤电厂的二氧化碳减排。

（1）捕获阶段

在燃煤电厂的烟气排放系统中，通过化学吸收法、物理吸附法或其他技术捕获二氧化碳。常用的捕获方法包括胺类吸收法和新型纳米材料吸附法，这些方法可以有效分离烟气中的二氧化碳。

（2）压缩与运输

捕获的二氧化碳需要经过压缩处理，转化为液态或超临界状态，以便通过管道、船只或其他方式运输至储存地点。

（3）储存阶段

压缩后的二氧化碳被注入地下特定的地质构造中，如深层咸水层或枯竭的油气田，实现长期封存。

2. CCUS 在燃气电厂的应用

燃气电厂的碳排放强度低于燃煤电厂，但随着全球燃气发电量的增加，其对碳排放的贡献也在不断上升。CCUS 技术在燃气电厂的应用同样具有重要意义。

燃气电厂通常采用燃烧后捕获技术，通过吸收剂从烟气中分离出二氧化碳。与燃煤电厂类似，捕获的二氧化碳可以通过压缩和储存实现减排。此外，燃气电厂的烟气中二氧化碳浓度较高，使得碳捕获过程更为高效。

案例：挪威的长船（Longship）项目是全球首个大规模的 CCUS 项目之一，计划每年捕获并储存 150 万吨二氧化碳。该项目主要针对莱茵集团（Equinor）的燃煤电厂，通过 CCUS 技术实现碳排放的大幅减少。长船项目的成功实施为 CCUS 技术的推广提供了宝贵的经验。

（二）钢铁和水泥工业

钢铁和水泥工业是全球碳排放的主要来源之一。这两类工业的碳排放主要来自高温冶炼过程和水泥熟料的生产。由于这些过程难以通过其他技术实现深度减排，CCUS 技术成为实现碳中和的重要选择。

1. 钢铁工业中的 CCUS 应用

钢铁生产过程中，炼焦、炼铁和炼钢环节都会产生大量的二氧化碳。CCUS 技术可以通过以下方式实现钢铁工业的碳减排。

（1）燃烧前捕获

在煤气化过程中，将二氧化碳从合成气中分离出来，实现燃烧前捕获。

（2）燃烧后捕获

在锅炉或高炉的烟气排放系统中，通过吸收剂或吸附剂捕获二氧化碳。

（3）储存与利用

捕获的二氧化碳可以被储存于地下，或用于生产化学品、燃料等，实现资源的循环利用。

2. 水泥工业中的 CCUS 应用

水泥工业的碳排放主要来自石灰石的煅烧过程和燃料燃烧过程。CCUS 技术在水泥工业中的应用主要包括以下几种方式。

（1）捕获煅烧过程中的二氧化碳

在水泥窑的排放烟气中捕获二氧化碳，并将其用于其他工业过程或封存于地下。

（2）碳回收与利用

捕获的二氧化碳可以用于生产碳酸盐或其他化学品，从而实现资源的循环利用。

3. 挑战与解决方案

尽管 CCUS 技术在钢铁和水泥工业中有广阔的应用前景，但大规模推广仍面临一些挑战。

技术成本高昂：钢铁和水泥工业的生产规模较大，CCUS 技术的初始投资和运营成本较高。

工艺复杂性：这些工业过程通常涉及高温和高压环境，增加了碳捕获和储存的难度。

能源消耗：捕获和压缩二氧化碳的过程需要消耗大量能源，影响整体减排效果。

解决方案包括以下几种。

技术创新：研发新型捕获技术和优化工艺流程，提高捕获效率并降低成本。

政策支持：政府应提供财政补贴、税收优惠或碳定价机制，激励企业投资和应用 CCUS 技术。

国际合作：通过国际合作和技术共享，推动 CCUS 技术在全球范围内的广泛应用。

二、实现碳中和的关键工具

CCUS 技术是实现碳中和目标的关键工具之一。通过捕获工业和能源生产中的二氧化碳，并将其长期储存于地下或利用于产业过程，CCUS 技术能够在大幅度减少温室气体排放的同时支持经济发展。

（一）碳中和的实现路径

碳中和是指通过各种手段使人类活动产生的二氧化碳排放量与被消除的二氧化碳量相等，从而实现净零排放。CCUS 技术在这一过程中发挥着不可替代的作用。

1. 捕获与储存

通过 CCUS 技术，工业和能源生产过程中排放的二氧化碳被捕获并封存于地下，从而避免其进入大气影响气候变化。

2. 循环利用

捕获的二氧化碳可以被用于生产化学品、燃料或其他工业原料，实现资源的循环利用，进一步减少碳排放。

3. 支持其他减排技术

CCUS 技术可以与其他减排技术（如可再生能源、储能技术等）相结合，为实现碳中和提供综合解决方案。

（二）CCUS 技术在碳中和中的独特作用

CCUS 技术的独特性在于其能够实现“负排放”，即通过捕获和储存二氧化碳，使大气中的二氧化碳浓度逐渐降低。这种技术路径在以下方面具有重要意义。

1. 应对难以减排行业的挑战

对于钢铁、水泥、石油化工等难以通过其他技术实现碳减排的行业，CCUS 技术是实现碳中和的重要手段。

2. 实现净零排放目标

仅通过减排技术无法实现碳净零排放目标，还需要通过碳中和技术（如 CCUS）来抵消剩余的碳排放。

3. 支持绿色经济转型

CCUS 技术不仅能够减少碳排放，还能够推动绿色经济的转型，通过资源的循环利用为经济发展提供新的动力。

三、促进可持续发展

CCUS 技术的推广不仅有助于实现环境目标，还能在能源生产和经济转型中发挥重要作用。

（一）能源生产的转型

传统能源生产方式（如燃煤发电）是全球碳排放的主要来源之一。通过应用 CCUS 技术，可以将传统能源生产过程中的碳排放降至最低，从而实现能源生产的可持续转型。

1. 燃煤电厂的改造

燃煤电厂是全球电力供应的重要来源，但其碳排放问题亟待解决。通过 CCUS 技术，燃煤电厂的二氧化碳排放可以被有效捕获和储存，从而实现低碳甚至零碳发电。

2. 燃气发电的优化

燃气发电的碳排放强度低于燃煤发电，但随着全球燃气发电量的增加，其碳排放问题日益突出。通过 CCUS 技术，燃气发电的碳排放可以进一步降低，推动能源生产的可持续发展。

（二）支持新能源的发展

CCUS 技术可以与新能源领域相结合，为可再生能源的发展提供支持。

1. 电解水制氢中的碳捕获

在电解水制氢过程中，电力需求较高。通过 CCUS 技术，捕获制氢过程中产生的二氧化碳，并将其封存或用于其他工业过程，可以实现制氢过程的碳中和。

2. 支持生物能源的发展

生物能源（如生物质发电）是一种可再生能源，但在生产过程中也可能产生碳排放。通过 CCUS 技术，可以捕获和储存其生产过程中的碳，从而实现生物能源的零碳排放。

四、产业和经济增长

CCUS 技术的推广不仅有助于实现环境目标，还能为产业和经济增长提供新的机遇。

（一）创造就业机会

CCUS 技术的研发、建设和运营过程需要大量技术工人和专业人才，为社会创造大量的就业机会。

1. 技术创新与产业链发展中的就业机会

CCUS 技术的推广需要涵盖从捕获技术、储存设施到运输网络等多个环节。这一过程中，新的产业链将逐渐形成，包括捕获设备的设计与制造、储存设施的建设和运营、运输网络的规划与维护、监测与控制系统的技术开发，为相关领域创造就业机会。

2. 绿色就业岗位的增长

随着 CCUS 技术的广泛应用，与碳捕获、储存和利用相关的绿色就业岗位将快速增长。这些岗位不仅包括传统的工程和技术岗位，还包括新兴绿色产业的岗位，如碳资产管理、环境监测与评价等。

（二）提升技术创新

CCUS 技术促使产业进行技术创新，推动科研和工程领域的发展。

1. 技术与工艺的创新

为了提高 CCUS 技术的应用效率和降低成本，研究人员不断开发新型捕获材料、储存技术和运输工艺。这些技术创新不仅推动了 CCUS 技术的进步，还为 CCUS 技术在其他领域的发展提供了启示。

2. 跨学科协同发展

CCUS 技术的推广需要涉及多个学科领域的协同合作，包括化学工程、地质学、材料科学和环境科学等。这种跨学科的研发模式促进了知识的融合与创新，为相关领域的发展注入了新的动力。

结语

CCUS 技术在降低碳排放、实现碳中和和促进可持续发展中具有重要作用。通过降低工业碳排放、实现碳中和、促进能源转型和经济增长，CCUS 技术不仅为全球气候变化治理提供了重要的技术途径，还为实现经济与环境的协调发展提供了新的机遇。未来，随着技术的进步和全球协作的不断深化，CCUS 技术必将在全球碳减排行动中发挥更加重要的作用，为实现碳中和目标和构建可持续发展的未来作出重要贡献。

第三章

CCUS典型案例分析及启示

第一节　国际 CCUS 案例

CCUS 技术已进入规模化示范阶段，在 25 个国家实现商业化或示范性应用，累计封存 CO_2 超 3.5 亿吨。北美、欧洲和亚太地区通过技术迭代与政策创新，在电力、钢铁、水泥等八大行业建立示范工程。典型案例在技术验证周期（5～10 年）、经济效益模型（碳价联动机制）与政策协同框架（碳税 + 补贴）方面取得突破。这些案例不仅通过 10～15 年持续监测验证了地质封存安全性，更为不同渗透率岩层（0.1～500mD）和工业排放源（3%～99% 浓度）的规模化推广建立了技术规范。以下对六大洲典型项目进行深度剖析，结合技术路径（燃烧前/后捕集）、经济模式［提高原油采收率（EOR）驱动型］及社会影响（就业转换率），系统总结其优势与局限性。

一、北欧标杆：挪威 Sleipner 项目

（一）背景与实施

Sleipner 项目由挪威国家石油公司（Equinor）运营，自 1996 年起在北海海域实施，是全球首个商业化 CCUS 项目，采用模块化设计分三期建设（1996 年/2005 年/2018 年）。项目核心目标是将天然气开采过程中分离的 9.5% 浓度 CO_2 注入海底 Utsira 岩层（孔隙度 38%），累计铺设海底管线 23 公里。采用改良胺法吸收技术（MEA + 防腐剂），捕集效率达 98.5%，注入压力维持 8～12MPa，形成直径 2.3 公里的 CO_2 羽流。截至 2023 年，累计封存超 2000 万吨二氧化碳，相当于挪威年排放量的 5%。

（二）效果与优势

长期稳定性：四维地震监测显示，CO_2 羽流在 20 年内垂向运移 $<3m$，地层位移量 0.7mm/年，盐水层封闭性超出预期。

技术成熟性：开发耐腐蚀胺液配方（$pH>10$），设备运行周期延长至 8 万小时，维护间隔延长 3 倍。

经济性：挪威阶梯式碳税政策（2023 年达 87 美元/吨）使封存成本（32 美元/吨）较排放成本低 63%，项目内部收益率达 14%。

政策协同：建立“碳税－补贴”闭环机制，企业减排收益的 30% 强制投入技术研发基金。

（三）挑战与局限性

浓度依赖：适用于天然气处理（9.5% 浓度），但燃煤电厂 3% 浓度 CO_2 捕集能耗将增加 2.3 倍。

监测体系：需维持 12 台海底地震仪和 45 个井下传感器的实时监控，年度数据采集成本占运营费的 37%。

二、北美探索：美国 Petra Nova 项目

（一）背景与实施

Petra Nova 位于得克萨斯州，由 NRG 能源、JX Nippon 联合投资 10 亿美元建设，2017 年投运。项目对 W. A. Parish 燃煤电厂 240MW 机组（总装机 654MW）进行改造，采用 KS－1 胺溶剂捕集系统，烟气处理量 530 万 m^3/d。捕集的 CO_2 纯度为 99.9%，通过 82 公里专用管道输送至 West Ranch 油田，注入 15 口 EOR 井，提升致密砂岩储层采收率（12%～19%）。2017—2020 年累计驱油 560 万桶，创收 1.2 亿美元。

（二）效果与优势

驱油收益：CO_2－EOR 使油田剩余可采储量增加 2100 万桶，项目投资

回收期缩短至 7 年。

政策杠杆："45Q"税收抵免政策（50 美元/吨）叠加原油销售，使单位 CO_2 净收益达 83 美元。

系统集成：开发"捕集－压缩－输送"全链条自动控制系统，管道压力波动控制在 ±0.2MPa。

（三）挑战与局限性

能耗瓶颈：胺法再生塔蒸汽消耗达 3.8GJ/t CO_2，导致电厂净出力下降 19%。

市场风险：2020 年 WTI 油价跌破 30 美元/桶时，EOR 收益不足以覆盖运营成本，触发停运条款。

三、加拿大突破：Boundary Dam 项目

（一）背景与实施

Boundary Dam 由萨斯喀彻温省 SaskPower 公司运营，2014 年完成对 Unit#3 机组（110MW）改造。采用 CANSOLV 胺法技术，烟气处理量 40 万 m^3/h，CO_2 捕集率 90%。建设 3 条输气管道（12 英寸/24 英寸/36 英寸），其中 60% CO_2 用于 Weyburn 油田 EOR，40% 封存于 3000 米深 Cedar Creek 咸水层。项目配套建设 CO_2 压缩站（4×10MW 压缩机）和监测中心，累计获得 23 项技术专利。

（二）效果与优势

捕集验证：在 −40℃极寒环境下实现系统连续运行 820 天，设备可用率达 91%。

政策创新：碳定价回扣机制将每吨碳收入的 40%（约 26 加元）定向返还项目运营。

（三）挑战与局限性

成本结构：捕集能耗达 2.7GJ/t CO_2，导致平准化成本（LCOE）增加 38 加元/MWh。

规模局限：仅处理电厂 15% 排放（年排放量 670 万吨 CO_2），全面脱碳需扩建 6 倍产能。

四、非洲实践：阿尔及利亚 In Salah 项目

（一）背景与实施

In Salah 项目由 BP（33%）、Sonatrach（35%）和 Equinor（32%）合资，2004—2011 年运行。项目将 Krechba 气田开采中分离的 7% 浓度 CO_2，通过 9 口注入井回注至 1800 米深砂岩层（孔隙度 22%）。采用创新型螺旋缠绕式膜分离技术，捕集能耗较胺法降低 28%。配套部署 InSAR 卫星监测网，建立地表形变预警系统（阈值 5mm/a）。

（二）效果与优势

地质创新：在低渗储层（15mD）实现年注入量 120 万吨，突破传统盐水层封存限制。

监测体系：InSAR 技术实现 250 平方公里区域毫米级监测，成本较地面监测降低 74%。

（三）挑战与局限性

运移风险：CO_2 羽流在 7 年内侧向扩展 1.2 公里，触发安全协议暂停注入。

经济模式：缺乏 EOR 收益导致单位成本达 58 美元/吨，高于同期碳交易价格 42%。

五、英国前瞻：Acorn 项目

（一）背景与实施

Acorn 项目由 Pale Blue Dot Energy 主导，分三阶段建设（2023 年/2027 年/2030 年）。利用 St Fergus 天然气终端既有设施（压缩能力 120 万吨/年）和北海废弃管道（总长 320 公里），捕集苏格兰工业区（Grangemouth 等）的 CO_2。配套建设 2GW 蓝氢工厂，采用自热重整技术（ATR）结合 CCUS，氢气生产成本降至 1.5 英镑/kg。项目创新性开发 CO_2 船舶运输系统（$2\times7500m^3$ 运输船），实现陆海联运。

（二）效果与优势

设施复用：改造北海管道节约建设成本 4.2 亿英镑，运输成本降至 8 英镑/吨。

政策试验：实施“差价合约”机制，政府承诺 15 年内以 65 英镑/吨保底价收购封存服务。

（三）挑战与局限性

融资缺口：欧盟创新基金仅批准 4.3 亿欧元申请中的 58%，私募融资利率高达 LIBOR +450bps。

生态争议：环保组织指出封存可能改变北海 pH（波动 ±0.05），响贝类养殖区。

六、其他国际代表性项目

（一）挪威 Snøhvit 项目

背景：巴伦支海 LNG 项目配套工程，2008 年投运，采用双级膜分离技术处理 12% 浓度 CO_2。建设 2 条海底注入管道（143 公里），封存于 800

米深 Tubåen 砂岩层，地层温度 -4℃。

技术创新：研发耐低温胺液（凝固点 -32℃），在北极环境实现年运行310天。

经济制约：极地作业成本使单位封存成本达78美元/t，较温带同类项目高83%。

（二）澳大利亚 Gorgon 项目

背景：全球最大 LNG - CCUS 项目，2019 年投运，设计封存能力 400 万吨/年。采用高压液化技术（7MPa）将 CO_2 输送至 Dupuy 储层（孔隙度 18%），累计投资 24 亿澳元。

缺点：储层非均质性导致 CO_2 注入压力异常（达 24MPa），实际封存量仅达设计值的53%。

（三）美国伊利诺伊州 Decatur 项目

背景：全球首个碳捕集与封存（BECCS）工业化项目，2017 年投运。利用 ADM 乙醇厂生物质排放（40 万吨/年），封存于 Mt Simon 砂岩层（2100 米深）。采用低温蒸馏法捕集，能耗 1.8GJ/t。

碳移除验证：通过 ISO 14064 认证，每吨封存 CO_2 可产生 1.05 个碳信用，溢价达28%。

七、国际案例综合分析

（一）技术共性

捕集技术：胺法仍主导市场（75%的份额），但相变吸收剂（如 DMX）使能耗降至 1.6GJ/t。

封存优化：智能井技术（ICV）使单井注入量提升40%，监测成本下降至0.5美元/t。

（二）经济与政策驱动

碳定价机制：挪威碳税与欧盟 ETS 联动，形成 50～90 美元/t 价格走廊，项目 IRR 提升至 12%～18%。

集群经济：英国 HyNet 项目通过共享 CO_2 管网（230 公里），使单位运输成本降低 62%。

（三）核心挑战

成本障碍：燃煤电厂 CCUS 使 LCOE 增加 25～40 美元/MWh，需碳价 >80 美元/t 才具经济性。

系统风险：EOR 项目受油价波动影响显著，布伦特油价 <50 美元时项目生存率下降 65%。

技术路径对比

项目类型	优势	劣势
盐水层封存	安全性高、容量大（如 Sleipner）	依赖高浓度 CO_2 源、监测成本高
枯竭油气田封存	基础设施复用（如 In Salah）	地质风险高、经济收益有限
EOR 驱油	经济收益显著（如 Petra Nova）	依赖油价波动、碳泄漏风险
蓝氢耦合	整合能源转型（如 Acorn）	技术复杂度高、投资周期长

八、未来发展方向

（一）技术创新

加速研发第三代低能耗捕集材料（如金属有机框架，其比表面积突破 $6000m^2/g$），开发智能化监测系统（区块链 + 物联网构建实时数据链）。目标：2028 年捕集能耗降至 1.5GJ/t CO_2 以下，重点推广直接空气捕集（DAC）与 BECCS 耦合技术，参考美国 Decatur 项目实现单点年封存 100 万吨级的负排放示范。

（二）商业模式突破

碳信用金融化：深度对接欧盟 CBAM 机制，建立 CCUS 碳信用衍生品交易市场，试点碳期货合约对冲项目风险。

跨行业协同：构建“CO_2－化工”产业链，规模化生产甲醇（中石化集团宁夏项目）、聚氨酯（科思创公司德国基地）等八类高附加值产品，使项目内部收益率提升至12%～15%。

（三）规模化与集群化

美国《基础设施法案》规划墨西哥湾/阿巴拉契亚等四大封存枢纽，采用CO_2－EOR驱油技术，2035年形成亿吨级封存能力。

欧洲鹿特丹枢纽通过LNG船改装运输液态CO_2，运输成本较管网降低40%，2026年实现北欧五国碳源匹配。

（四）政策协同

国际标准统一：推动ISO 27916标准升级，建立全球封存监测数据共享平台，明确50年泄漏责任保险机制。

补贴退坡机制：实施“装机量阶梯补贴”政策，英国通过HyNet项目验证，2030年捕集成本可降至35英镑/t。

结语

国际CCUS案例（挪威Sleipner项目、加拿大边界坝项目）实证显示，当技术成熟度达到TRL7级且碳价突破80美元/吨时，项目具备商业可行性。建议2025年前建立跨学科研发联盟攻克膜分离效率瓶颈，2030年前形成AI驱动的全生命周期风险预警系统，同步构建政府－企业－社区三方利益分配机制。亟须在《巴黎协定》框架下成立全球封存联盟，共享北海/渤海等地质资料库，统一MRV监测标准，以应对北极圈加速消融带来的气候临界点挑战。

第二节　中国 CCUS 案例解析

中国作为全球最大的碳排放国，通过 CCUS（碳捕集、利用与封存）技术加速实现“双碳”目标。以下结合典型案例，从技术路径、经济模式、政策支持及挑战等维度，系统分析中国 CCUS 技术实践的进展与不足，并补充更多代表性项目。当前中国已形成覆盖油气、电力、钢铁等行业的 CCUS 产业网络，2023 年运营中的大型示范项目达 27 个，年捕集规模突破 500 万吨 CO_2。

一、油气行业：大庆 CCUS 项目

（一）背景与实施

大庆油田 CCUS 项目由中石化集团主导，是中国首个全流程 CCUS 示范项目。自 2008 年启动以来，项目聚焦 CO_2 驱油（EOR）技术，将工业排放的 CO_2 捕集后注入低渗透油藏，提升原油采收率。截至 2023 年，累计注入 CO_2 超 200 万吨，驱油增产原油约 80 万吨，项目覆盖面积扩展至 120 平方公里，形成“捕集—运输—注入—监测”全产业链闭环。

（二）技术特点

捕集技术：采用化学吸收法（MEA）捕集石化厂高浓度 CO_2（浓度约 15%），配套三级膜分离装置提升纯度至 99.5%，捕集成本约 300 元/t，较初期下降 40%。

运输与封存：构建 30 公里专用管道网络，配置 5 个增压站维持 10MPa

输送压力，注入深度 2000 ~ 2500 米萨零组油层，封存效率达 90% 以上，孔隙空间利用率提升至 68%。

（三）效果与优势

经济效益显著：每吨 CO_2 驱油可增产原油 0.3 ~ 0.5 吨，项目内部收益率（IRR）达 12%，较常规水驱开发提高 8 个百分点。

减排贡献：年封存 CO_2 约 30 万吨，相当于植树 270 万棵的固碳量，累计减少碳排放当量相当于关停 2 台 300MW 燃煤机组。

（四）挑战与局限

地质适配性：仅适用于孔隙度 > 12%、渗透率 > 1mD 的低渗透油藏，大庆油田适宜区块占比不足 30%，制约技术推广。

长期监测不足：现有 50 口监测井仅覆盖核心区 60% 面积，缺乏对地下 CO_2 运移规律的实时动态监测，泄漏风险评估模型更新周期长达 3 个月。

二、电力行业：华能集团石岛湾 CCUS 项目

（一）背景与实施

华能集团在山东石岛湾建设的 3MW 化学链燃烧（CLC）中试项目，是全球首个商业化规模的化学链燃烧示范工程。项目通过燃料与空气间接反应，直接产生高浓度 CO_2（纯度 > 95%），捕集能耗较传统胺法降低 40%，系统连续运行时长突破 8000 小时，达到国际领先水平。

（二）技术突破

化学链燃烧：采用铁基载氧体，实现燃料燃烧与 CO_2 捕集一体化，反应器温度控制精度达 ±5℃，系统效率提升至 42%，较常规燃煤机组提高 7 个百分点。

耦合应用：构建“捕集—纯化—合成”工艺链，捕集的 CO_2 与绿氢合成年产 5000 吨甲醇装置，碳转化率达 85%，产品纯度达 99.9%，拓展化工产业链价值。

（三）效果与优势

低能耗示范：通过余热梯级利用和载氧体再生优化，碳捕集成本降至 200 元/吨，为燃煤电厂 CCUS 规模化提供技术验证，单位能耗指标较欧盟基准低 15%。

政策联动：创新“碳捕集量 + 产品碳足迹”双重核算机制，纳入山东省碳市场试点，碳配额收益覆盖项目运营成本的 35%，形成可持续商业模式。

（四）挑战与局限

材料寿命短：载氧体在 1200℃高温下循环使用次数仅 500 次，颗粒破碎率达 12%，频繁更换导致运维成本增加 25%，制约系统经济性。

规模限制：中试装置碳年捕集量仅 1 万吨，反应器放大过程中出现流化不均问题，百万吨级系统设计仍存在气固传热效率下降 18% 的技术瓶颈。

三、工业领域：海螺水泥 CCUS 项目

（一）背景与实施

安徽海螺水泥在 2021 年建成全球首个水泥窑尾气 CO_2 捕集示范项目，采用燃烧后化学吸收法，年捕集 5 万吨 CO_2，并转化为食品级干冰和碳酸钙产品。该项目选址芜湖白马山水泥厂，配套建设 CO_2 精制车间与产品生产线，形成“捕集—提纯—应用”一体化模式。

（二）技术创新

烟气预处理：针对水泥窑粉尘量大（$>50g/m^3$）的特点，开发多级旋

风除尘 + 湿法脱硫工艺，通过三级串联旋风分离器实现粗颗粒去除，结合 pH 精确控制的石灰石 - 石膏法脱硫，捕集效率提升至 90%，运行稳定性达 8000 小时/年。

资源化利用：干冰产品纯度达 99.99%，毛利率达 40%，应用于冷链物流与医疗领域；碳酸钙产品白度 >95 度，用于塑料母粒与建材生产，实现碳闭环利用，年替代天然碳酸钙开采 3 万吨。

（三）效果与优势

行业标杆：为全球水泥行业提供首个工业级 CCUS 解决方案，单位减排成本约 400 元/吨，较欧盟同类项目低 15%。示范效应带动华新水泥公司、冀东水泥公司等企业启动 CCUS 规划。

政策支持：获安徽省“双碳”专项资金补贴 2 000 万元，同时享受高新技术企业所得税减免，项目投资回收期缩短至 7 年。

（四）挑战与局限

经济性瓶颈：捕集成本仍高于水泥行业平均碳价（50 元/吨），当前项目运营依赖政府补贴比例达 60%，市场化运营模式尚未形成。

技术推广难：中小型水泥厂改造需配套余热发电系统改造，投资超 1 亿元，设备占地面积达 5 000 ㎡，投资成本高、建设难度大。多数企业难以承受。

四、集群化探索：鄂尔多斯百万吨级 CCUS 项目

（一）背景与实施

鄂尔多斯盆地 CCUS 集群由国家能源集团主导，规划整合煤化工、电厂、油田等排放源，建设覆盖捕集、运输、封存的全产业链。一期工程（2023 年启动）年捕集封存 100 万吨 CO_2，目标 2030 年达 1 000 万吨/年。项目依托鄂尔多斯盆地 3 个煤制烯烃项目、5 座燃煤电厂及 10 个采油区块

构建碳源汇网络。

（二）模式创新

共享基础设施：建设区域 CO_2 输送管网 200 公里，采用 8 英寸耐腐蚀复合管材，设计压力 15MPa，运输成本降至 0.3 元/吨·公里，较罐车运输降低 30%。

多源汇匹配：将煤化工高浓度 CO_2（>90%）与电厂低浓度 CO_2（12%~15%）混合运输，通过压力摆动吸附（PSA）技术优化捕集能耗，系统综合能效提升 18%。

（三）效果与优势

规模效应：单位捕集成本较分散项目降低 25% 至 300 元/吨，预计规模化后降至 150 元/吨，达到国际碳交易价格可接受区间。

政策协同：纳入内蒙古碳中和试点，享受企业所得税减免 15% 优惠，同时获得国家绿色发展基金 20 亿元低息贷款支持。

（四）挑战与局限

跨行业协调难：煤化工、电力、油田利益分配机制尚未明确，涉及 3 省 8 市 12 家企业的主体责任划分争议导致项目推进滞后原计划 9 个月。

封存风险：鄂尔多斯盆地地质构造复杂，目标储层二叠系石盒子组存在微裂缝发育，长期封存安全性需通过 3 年连续微震监测验证。

五、前沿技术：长庆油田 DAC + 矿化封存项目

（一）背景与实施

长庆油田联合清华大学开展直接空气捕集（DAC）与玄武岩矿化封存试验，利用碱性溶液吸附大气中 CO_2，并通过注入地下玄武岩层实现永久矿化。2024 年启动中试，目标是年捕集 1 万吨 CO_2。项目配置 20 组直径 8

米的捕集模块，配套建设2 000米深部注入井网。

（二）技术突破

低能耗吸附剂：开发镁基复合材料（MgO－Al_2O_3），比表面积达500m^2/g，吸附能耗降至2.5GJ/t CO_2，较传统DAC降低50%，再生温度由800℃降至450℃。

矿化效率：玄武岩反应速率提升至1kg CO_2/m^3/a，通过纳米级表面蚀刻技术，封存周期缩短至10年，较常规地质封存快15倍。

（三）效果与优势

负排放潜力：实现从大气中直接移除CO_2，单个模块年捕集量500吨CO_2，为钢铁、航空等难减排行业提供解决方案，已与东航签署碳抵消协议。

政策前瞻性：获科技部“碳中和”专项资助5 000万元，入选国家绿色技术目录，推动技术商业化进程提速2年。

（四）挑战与局限

成本过高：当前捕集成本超2 000元/吨，是传统CCUS的10倍，主要受贵金属催化剂（铂负载量0.5%）及高压注入设备制约。

地质限制：玄武岩分布不均，我国仅云南腾冲、内蒙古赤峰等六个区域具备矿化条件，制约技术推广应用范围。

六、其他代表性项目

（一）胜利油田EOR项目

背景：中石化胜利油田自2010年开展CO_2驱油，累计封存CO_2超150万吨，增产原油60万吨。项目采用吉林油田气源，建设220公里CO_2输送专线。

创新点：采用“气水交替注入”技术，注气速度0.2HCPV/a，水气比3∶1，提升驱油效率至18%，采收率提高8个百分点。

挑战：油田含水率超90%后，CO_2驱油效果显著下降，气窜问题导致单井日产量衰减至3吨。

（二）广东湛江钢铁厂CCUS项目

背景：宝武钢铁湛江基地建设50万吨/年CO_2捕集装置，用于转炉煤气提纯。项目投资7亿元，配套建设食品级CO_2精制装置。

优势：捕集成本仅80元/吨（煤气CO_2浓度达35%），副产品高纯度CO_2（99.9%）供应百事可乐等企业，年收益超5 000万元。

局限：钢铁行业碳配额分配不足，当前碳交易仅覆盖40%排放量，项目收益60%依赖外部采购。

（三）吉林油田CCUS－EOR项目

背景：中国石油吉林油田通过CO_2驱油实现低渗透油藏开发，年封存30万吨CO_2。构建“捕集—管道—压注”体系，管道压力保持20MPa。

技术特色：采用“超临界注入”技术，注入温度50℃、压力7.39MPa，使储层渗透率提升20%，单井日增油达5吨。

问题：超临界设备投资高（单井成本超500万元），需配套建设8座压缩站，项目内部收益率仅6.5%。

七、中国CCUS发展综合分析

（一）国内CCUS项目的技术共性

1. 捕集技术路径多元化

燃烧后捕集主导：国内燃煤电厂、水泥厂等主要采用燃烧后化学吸收法（如胺法），技术成熟度较高，但能耗和成本偏高。例如齐鲁石化－胜利油田项目采用燃烧后捕集，年处理 CO_2 能力达百万吨级，捕集效率达90%以上，年运行时长突破7500小时。

前沿技术探索：膜分离、化学链燃烧、富氧燃烧等技术处于中试或示范阶段。如华能集团石岛湾项目验证化学链燃烧技术，碳捕集能耗降低40%，系统集成度提升至85%；浙江大学开发的金属有机框架材料（MOFs）吸附剂突破循环稳定性瓶颈，实现3000次循环后性能衰减<5%。

工业适配性优化：针对不同排放源（如钢铁、煤化工）开发定制化捕集方案，例如，宝武集团湛江钢铁厂利用高浓度煤气 CO_2（35%）降低捕集成本至80元/吨，同步开展 CO_2 制备碳酸二甲酯的高值化利用；宁夏宁东基地煤化工项目通过工艺耦合将碳捕集能耗降至2.1GJ/t。

2. 运输与封存模式创新

管道运输规模化：鄂尔多斯、胜利油田等项目通过区域管网实现多源 CO_2 混合运输，建成国内首条超临界 CO_2 输送管道（管径406mm，压力15MPa），运输成本降低30%至0.35元/吨·公里，年输送能力突破500万吨。

地质封存多样化：以EOR（驱油）为主，兼顾咸水层封存和矿化利用。大庆油田累计封存超200万吨 CO_2，驱油增产原油80万吨，采收率提升8%～12%；宁夏300万吨级项目规划封存规模达7 450万吨，封存体渗透率<0.1mD，预计可实现千年尺度封存安全性。

3. 全产业链集成示范

集群化发展模式兴起，如鄂尔多斯项目整合煤化工、电厂、油田，形成“捕集－运输－封存”一体化网络，建成20万吨/年碳捕集装置、150公里输送管线及5个封存监测井群，目标是2030年碳封存1 000万吨/年，全生命周期减排效益相当于再造1.5个塞罕坝林场。

（二）经济与政策驱动

1. 政策体系加速完善

顶层设计强化：CCUS 被纳入“十四五”规划和“1 + N”双碳政策体系，全国累计发布 77 项政策文件，地方出台 130 余项实施方案。生态环境部发布的《二氧化碳捕集、利用与封存环境风险评估技术指南（试行）》建立三级风险防控体系，覆盖 50 项关键技术参数。

财政与税收激励：设立专项基金（如“双碳”专项资金），对示范项目提供补贴（如鄂尔多斯项目获内蒙古企业所得税减免 15%），国家开发银行提供 20 年期低息贷款（利率为 3.2%），中央财政对封存项目按 40 元/吨标准奖补。

2. 碳市场机制逐步成熟

全国碳市场均价 58 元/吨（2023 年），部分试点地区探索碳税政策。企业通过碳配额交易覆盖 35% 运营成本（如华能集团石岛湾项目），北京绿色交易所创新推出 CCUS 减排量远期合约产品，首单交易锁定 2025 年 50 万吨 CO_2 交付量。

未来拟将 CCUS 纳入碳抵消机制，允许封存量抵扣配额，推动商业模式创新。试点方案明确封存 40 年以上的 CO_2 可按 1∶1.2 比例核证减排量，预计 2030 年形成 200 亿元/年的碳信用交易规模。

3. 产业集群与投资热潮

政府规划建设 CCUS 产业集群，如宁夏 300 万吨级项目总投资 102 亿元，涵盖 4 个技术研发中心、12 个产业化基地，预计带动 200 亿元投资和 5 万个就业岗位，形成年产值超 80 亿元的碳科技服务产业链。

金融机构通过绿色债券（超 5 000 亿元规模）支持项目融资，利率较普通债券低 50 ~ 100BP。平安银行创新“碳封存收益权质押”融资模式，为胜利油田项目提供 15 亿元授信，质押率突破 70%。

（三）核心挑战

1. 技术成本与能效瓶颈

捕集成本高企：燃煤电厂 CCUS 成本达 140～600 元/吨，导致发电成本增加 0.26～0.4 元/千瓦时，较基准电价上浮 30%～50%；DAC（直接空气捕集）成本超 2000 元/吨，材料损耗率高达 15% 每年，商业化难度大。

能耗问题突出：胺法捕集能耗占电厂发电量 20%，化学链燃烧载氧体寿命仅 500 次，高温反应器运维成本高达 0.8 元/吨·次。测试数据显示，现有技术路线整体能效比（EROI）仅为 0.3～0.5，距商业化临界值 1.2 差距显著。

2. 技术成熟度与专利短板

二代技术（如离子液体、膜分离）尚未商业化，2035 年前或实现成本降低 30%。国内 CCUS 专利布局局限，海外申请量仅为美日的 40%，关键材料领域（如高性能吸附剂）进口依存度超 75%，制约技术输出。

3. 商业模式与产业链协同难题

跨行业协调困难：煤化工、电力、油田利益分配机制缺失，鄂尔多斯项目因协调问题推进缓慢，运输管网利用率不足设计值的 60%，封存监测数据共享率 <45%。

封存风险责任不明：长期监测体系缺位，现有技术仅能确保 30 年封存可靠性，百年尺度监测方案尚未落地。保险行业测算显示，百万吨级项目全周期环境责任险费率高达 3.5%，远超企业承受能力。

4. 政策支持力度不足

补贴覆盖范围有限：美国“45Q”税收抵免达 85 美元/吨，中国尚无类似政策，企业依赖地方性补贴。测算显示现有政策仅覆盖项目成本的 18%～25%，距盈亏平衡点缺口达 40～60 元/吨。

标准体系待完善：地方与行业标准差异大，封存监测规范尚未统一。例如，CO_2 纯度标准存在电力行业≥99%与化工行业≥95%的双轨制，地质封存监测频率要求从季度到5年不等，增加合规成本30%以上。

（四）技术路径对比

行业	技术特点	成本（元/吨）	成熟度
油气驱油	高浓度捕集+EOR收益	200~300	TRL 8
燃煤电厂	低浓度捕集+政策补贴	400~600	TRL 6
水泥	烟气预处理+资源化利用	300~500	TRL 5
直接空气捕集	负排放+前沿技术	2000+	TRL 4

八、未来发展方向

1. 技术创新

聚焦材料与工艺革命，重点研发钙钛矿吸附剂、超临界 CO_2 涡轮等颠覆性技术，目标2028年前实现燃煤电厂捕集成本降至200元/吨以下。推进膜分离—化学吸收耦合工艺，开发可编程分子筛吸附装置。

构建低碳技术矩阵，推广化学链燃烧、富氧燃烧等低能耗路径，通过余热梯级利用与智能调峰系统，实现整体能耗降低30%。同步布局直接空气捕集（DAC）技术储备，开展百吨级中试验证。

2. 政策突破

健全法律框架，2025年前制定《CCUS专项促进法》，明确封存场地终身责任制与百年监测机制。建立环境风险基金池，推行CCUS项目强制责任险。

创新市场机制，将CCUS纳入全国碳市场交易体系，允许封存量按1∶1.2比例抵扣配额。试点推出碳汇期货、CCUS收益权质押等金融工具，探索跨省CCUS交易平台。

3. 商业模式

打造产业集群，依托国家管网集团构建“捕集－管道运输－地质封存”全链条基础设施，2030年形成5 000万吨/年输送能力。建立 CO_2 源汇匹配数据库，实施鄂尔多斯盆地、松辽盆地等区域管网互联工程。

深化产业耦合，推动“CCUS＋绿氢”协同发展，建设万吨级 CO_2 制甲醇示范项目。开发航空燃料、聚碳酸酯等八类高附加值产品，培育 CO_2 化工产品认证标准体系。

结语

中国CCUS技术历经十五年发展，已从单一示范工程迈向“电力－钢铁－化工”多领域联动的产业新格局。面对成本居高、封存机制缺位、跨行业协同不足等挑战，需构建技术迭代（T）、市场驱动（M）、制度创新（I）的TMI三角支撑体系。通过建立百亿级产业投资基金、组建国家CCUS工程技术中心、实施碳定价阶梯机制等组合拳，推动CCUS产业生态从“示范盆景”向“雨林式生长”跃迁，为全球碳中和贡献兼具经济性与可复制性的中国模式。

第三节　CCUS 技术带来的商业效益

CCUS 技术不仅是实现碳中和的核心路径，更催生了多元化的商业价值。从碳市场交易到新兴产业崛起，从传统能源优化到企业可持续发展形象的塑造，CCUS 技术的商业效益正逐步显现。以下从四大维度系统分析其商业潜力，并结合全球典型案例进行深度探讨。

一、碳市场机会：从配额交易到金融创新

（一）碳配额交易与税收抵免机制

CCUS 技术的核心价值在于其碳减排能力，这为企业参与碳市场提供了直接入口。通过捕获和封存二氧化碳，企业可生成碳信用或抵消配额，参与国际碳交易市场。

美国“45Q”税收抵免：每吨封存的 CO_2 可获得 85 美元补贴，驱油利用的 CO_2 补贴 60 美元/吨，显著提升项目经济性。该政策自 2026 年起将补贴标准提高至 130 美元/吨地质封存量，并允许项目开发商将税收抵免额度直接转让给第三方机构进行货币化操作。

欧盟碳边境调节机制（CBAM）：要求进口商品核算隐含碳排放，倒逼出口国企业采用 CCUS 技术以降低碳成本，从而获取碳市场准入资格。2023 年试点阶段已覆盖钢铁、水泥行业，2026 年全面实施时将扩展至电力、化肥等五大领域。

中国全国碳市场：中国全国碳市场（2023 年均价 58 元/吨）虽起步较晚，但已规划将 CCUS 纳入碳抵消机制，允许企业通过封存量抵扣配额，

预计2030年市场规模突破200亿元。生态环境部发布的《二氧化碳捕集、利用与封存环境风险评估指南（试行）》，为项目开发提供了标准化计量与核查框架。

（二）碳金融工具创新

CCUS项目催生了碳期货、碳质押等金融衍生品。

挪威Sleipner项目：通过长期碳信用预售协议锁定收益，吸引养老基金等长期资本进入。其创新的"碳权证券化"模式将未来30年封存量的40%转化为可交易证券，首期发行规模达4.2亿欧元。

中国绿色债券：2023年发行规模超5 000亿元，部分资金专项支持CCUS技术研发与基础设施建设。工商银行推出的"碳中和挂钩债券"将票面利率与项目碳封存量直接挂钩，已为15个CCUS项目融资87亿元。

新加坡碳交易所（CIX）：2023年推出全球首个CCUS碳信用期货合约，首日交易量突破200万吨CO_2当量，为项目开发商提供价格发现与风险对冲工具。

（三）碳汇资产证券化

封存项目可通过资产证券化盘活资金。例如，美国Denbury公司通过将CO_2封存权打包为金融产品，吸引机构投资者参与，年融资规模超10亿美元。其"碳封存收益权支持票据"产品通过结构化分层设计，优先级票据获得AAA评级，收益率较同期限国债高150个基点。英国北海项目通过设立特殊目的载体（SPV）发行碳封存债券，将海底咸水层封存容量证券化，单笔发行规模达3.5亿英镑，超额认购倍数达6.8倍。

二、新兴产业崛起：从设备制造到数字化服务

（一）碳捕获设备制造

CCUS技术带动了吸附剂、膜分离材料、压缩设备等细分领域的爆发

式增长。

金属有机框架（MOFs）：美国阿贡国家实验室利用 AI 生成 12 万种新型 MOFs 材料，捕集效率提升 30%，成本降低 50%。巴斯夫集团已实现第三代 MOFs 材料工业化生产，年产能达 3000 吨。

中国昊华科技公司：依托变压吸附（PSA）技术优势，开发低成本碳捕集装置，已应用于多个百万吨级项目。其模块化设备可将建设周期缩短至传统工艺的 1/3，能耗指标较国际同类产品低 18%。

日本东芝碳捕集系统：创新开发船舶用紧凑型装置，碳捕集效率达 95%，已装备三菱重工建造的 LNG 动力船，单船年碳捕集量达 1.2 万吨。

（二）运输与封存基础设施

管道网络建设：美国 Denbury 公司拥有约 2092 公里长的 CO_2 运输管网，年输送量超 400 万吨，运输成本低至 5 美元/吨。其“碳运输即服务”商业模式已为 23 个工业源提供端到端解决方案。

封存监测技术：挪威 In Salah 项目采用 InSAR 卫星遥感技术，实现毫米级地层形变监测，年运维成本降低 20%。斯伦贝谢开发的量子传感器可将 CO_2 泄漏检测灵敏度提升至 0.01ppm。

液态 CO_2 运输船：韩国现代重工研发的全球首艘 7.4 万立方米液态 CO_2 运输船，采用 B 型液货舱设计，蒸发率控制在 0.08% 每天，2024 年将投入北海航线运营。

（三）数字化与 AI 赋能

AI 技术正重塑 CCUS 全产业链。

Nvidia Modulus 平台：通过傅里叶神经算子（FNO）将碳封存模拟速度提升 70 万倍。该平台已应用于澳大利亚 Gorgon 项目，优化封存井位部署方案。

智能运维系统：华能集团石岛湾项目引入 AI 故障诊断技术，将设备检修响应时间从 8 小时缩短至 15 分钟。基于数字孪生的预测性维护系统使设备可用率提高至99.3%。

区块链溯源平台：IBM 开发的 CarbonTrack 系统实现碳封存全生命周期溯源，每个封存单元生成唯一数字指纹，已为加拿大边界坝项目签发 120 万吨可验证碳信用。

三、能源生产优化：从驱油增效到氢能耦合

（一）CO_2 驱油提高采收率（EOR）

EOR 是 CCUS 技术最成熟的盈利模式，通过注入 CO_2 可提升低渗透油田采收率5%～20%。

胜利油田项目：累计封存 CO_2 超150 万吨，驱油增产原油60 万吨，内部收益率（IRR）达12%。其创新“吞吐－驱替”复合工艺使单井日增油量提高4.8 吨。

美国 Permian 盆地：CO_2 驱油使油田寿命延长 15 年，单井收益增加200 万美元。雪佛龙采用智能注气系统，实现 CO_2 驱替前缘实时调控，气油比降低至280m^3/m^3。

巴西盐下油田：Petrobras 公司将 CO_2－EOR 与超临界萃取技术结合，从深水油田提取稀有金属，副产品收益覆盖60%的 CCUS 运营成本。

（二）低碳制氢与化工联产

CCUS 与氢能结合形成“蓝氢”产业链。

中国鄂尔多斯项目：捕集煤化工 CO_2 用于合成甲醇，碳转化率超85%，吨氢成本降至1.5 万元。配套建设的离网型风光电站使项目整体碳排放强度低于8$kgCO_2/kgH_2$。

沙特 NEOM 绿氢工厂：配套4GW 风光发电与 CCUS 设施，年产绿氢120 万吨，成本较传统工艺降低40%。其创新的氨裂解装置可将储运损耗控制在2%以内。

德国 BASF 路德维希港基地：将蒸汽甲烷重整装置与 CCUS 耦合，年产蓝氢 18 万吨，用于合成氨和甲醇生产，每年减少碳排放 50 万吨。

（三）油气田低碳转型

传统油气企业通过 CCUS 实现业务升级。

挪威 Equinor 公司：将 Sleipner 项目封存经验输出至德国、荷兰，形成碳管理服务新模式，年收入超 2 亿欧元。其开发的 CarbonStore SaaS 平台可提供封存潜力评估、风险建模等全流程服务。

中海油集团湛江基地：利用 CO_2 提纯转炉煤气，副产品高纯度 CO_2 用于食品工业，年增收 1.5 亿元。建设的 10 万吨级 CCUS－EOR 项目使油田综合递减率降低 3.2 个百分点。

埃克森美孚公司休斯敦走廊：打造全球最大 CCUS 集群，连接 30 个工业排放源和 5 个海上封存点，2030 年封存能力将达 1 亿吨/年，创造 2 000 个高技能岗位。

四、企业形象与可持续发展：从合规到品牌溢价

（一）ESG 投资吸引力

CCUS 技术显著提升企业 ESG 评级，吸引绿色资本。

特斯拉公司碳积分交易：通过出售碳积分累计获利 58 亿美元，占净利润 35%。其创新的碳积分预售 ABS 产品获得标普 AA 级评级，融资成本较传统债券低 120 个基点。

苹果公司供应链脱碳：要求 2030 年供应链 100% 使用绿电，倒逼富士康集团投资 20 亿美元建设分布式光伏。富士康集团郑州工厂通过 CCUS 实现产品全生命周期碳中和，获得苹果清洁能源计划（Apple Clean Energy Program）认证。

黑石集团绿色基金：设立 120 亿美元专项基金投资 CCUS 项目，要求

被投企业碳强度每年降低 7%，已推动 23 家被投企业部署碳捕集设施。

（二）消费者信任与市场准入

宝马“零碳电池”认证：采用 CCUS 技术降低电池碳足迹，获欧盟绿色补贴资格，订单量提升 25%。其沈阳工厂通过碳捕集实现电芯生产零排放，单车碳足迹减少 1.8 吨。

欧盟绿色产品标签：碳标签制度下，采用 CCUS 的企业产品溢价率可达 10% ~40%。宜家首批标注“碳封存认证”的竹制家具系列，市场售价提高 32% 仍供不应求。

沃尔玛可持续供应链计划：要求 2025 年前主要供应商碳排放降低 18%，推动宝洁公司、联合利华公司等企业投资 CCUS 技术改造生产线。

（三）政策合规与风险规避

中国《碳排放权交易管理暂行条例》：要求重点排放单位年度碳排放不超过配额，倒逼企业投资 CCUS。2023 年核查发现的 82 家配额缺口企业，已有 67 家启动 CCUS 改造计划。

美国《通胀削减法案》：对未达减排标准的企业征收碳关税，推动本土企业 CCUS 改造。对清洁氢生产的碳排放强度设定了严格阈值，要求必须配套 CCUS 设施。

英国《能源安全战略》：规定北海油气田新开发项目必须配套 CCUS 设施，BP 公司等企业已承诺未来五年投入 45 亿英镑进行油田 CCUS 改造。

五、全球典型案例解析

（一）挪威 Sleipner 项目：碳税驱动下的商业典范

模式：自 1996 年运营至今，通过碳税（50 美元/吨）激励，采用海底咸水层封存技术，年封存 100 万吨 CO_2，累计节省碳税支出超 5 亿美元，项目投资回收期缩短至 7 年。

启示：北欧能源政策将碳定价与 CCUS 技术目录挂钩，使政策工具直接关联企业资产负债表，形成“碳税规避－技术升级－成本下降”的可持续商业闭环。

（二）美国 Petra Nova 项目：EOR 与电力联产

模式：全球首个燃煤电厂规模化 CCUS 项目，捕集率 90% 的 CO_2 输送至 129 公里外油田驱油，年增收 8 000 万美元，IRR 达 8%，实现煤电资产增值。

挑战：项目经济性受制于 WTI 油价 55 美元/桶盈亏平衡点，2020 年油价暴跌至负值触发运营暂停条款，凸显 CCUS 项目需构建电力销售、碳信用交易、地质数据服务的多元化收益矩阵。

（三）中国齐鲁石化项目：国企担当与速度标杆

模式：依托中石化集团炼化一体化优势，96 天建成百万吨级捕集装置，采用化学吸收法实现年减排 100 万吨 CO_2，获政府绿色债券贴息 2 亿元，项目入选国家发展改革委首批“减碳先锋”工程。

创新：首创碳捕集系统与乙烯裂解装置热耦合工艺，将捕集 CO_2 提纯至 99.9% 食品级标准，年产 10 万吨干冰产品覆盖冷链物流市场，毛利率达 40%，开创工业减排增值新模式。

六、未来趋势与策略建议

（一）技术创新降本路径

目标：通过材料革命与系统集成，2030 年燃煤电厂捕集成本降至 200 元/吨以下，DAC 技术成本低于 100 美元/吨（当前基准分别为 450 元/吨、600 美元/吨）。

路径：重点发展钙钛矿吸附剂、超临界 CO_2 涡轮、膜分离－低温蒸馏耦合等第三代捕获技术，结合 AI 运维系统，实现捕集能耗下降 30%，设备寿命延长至15年。

（二）政策协同与市场机制

建议：依托G20平台建立跨国碳信用互认机制，推动CCUS纳入IMF特别提款权（SDR）货币篮子，允许碳封存量按1∶0.8比例折算为外汇储备。

案例：欧盟碳边境调节机制（CBAM）与创新基金联动，设立200亿欧元“碳市场稳定基金”，通过期货套保对冲碳价波动风险，保障CCUS项目20年运营周期收益率稳定性。

（三）产业链整合与生态构建

模式：鄂尔多斯盆地实施“碳产业链”集群战略，建设300公里共享CO_2管网，连接15个排放源与8个封存构造，运输成本下降30%，目标是2030年形成千万吨级“碳枢纽”。

挑战：当前跨行业碳资产确权、封存责任划分、环境监测标准尚未统一，需政府主导建立涵盖能源、化工、金融等领域的《CCUS产业共同体协作章程》。

结语

CCUS技术的商业效益已从单一减排拓展至全产业链价值重构。在能源系统低碳转型中，燃煤电厂可通过碳捕集实现基荷电源绿色转型，钢铁水泥行业借CCUS突破“碳关税”贸易壁垒，油田企业则转型为碳封存服务商。未来十年，随着第三代吸附材料商业化（2025年）、国际碳关税体系成形（2027年）、地质封存保险机制完善（2030年），CCUS有望催生涵盖技术许可、碳物流、封存监测的万亿级新蓝海。企业需把握“技术迭代窗口期－碳金融创新期－政策红利期”三角机遇，从被动合规转向主动创新，方能在碳中和浪潮中占据先机。

第四节　CCUS 技术带来的环境效益

CCUS 技术作为应对气候变化的核心手段之一，其环境效益不仅体现在直接的碳减排上，更通过多维度生态修复、空气质量改善、可再生能源协同发展以及地质系统的安全性保障，为全球可持续发展提供了系统性解决方案。以下从七个核心维度展开分析，结合国际与国内典型案例，全面阐释 CCUS 技术的环境价值。

一、减少温室气体排放：应对气候危机的核心路径

CCUS 技术通过捕集工业与能源生产中的二氧化碳并实现长期封存或资源化利用，直接减少大气中的温室气体浓度。根据国际能源署（IEA）数据，全球已投运的 CCUS 项目每年可减少约 4000 万吨 CO_2 排放，预计到 2030 年这一规模将扩大至 10 亿吨/年。美国国家石油理事会研究显示，若全面部署 CCUS 技术，可使全球碳预算窗口延长 15 ~ 20 年，为能源系统转型争取关键缓冲期。

（一）工业领域减排突破

电力行业：加拿大边界坝（Boundary Dam）项目采用胺法吸收技术，每年捕集 100 万吨 CO_2，相当于减少 25 万辆燃油车年排放量，使燃煤电厂碳排放强度下降 90%。该项目配套建设 12 公里 CO_2 输送管道，将捕集气体用于强化石油开采，形成完整产业链闭环。

钢铁与水泥行业：中国宝武集团湛江基地通过转炉煤气捕集技术，年减排 50 万吨 CO_2，同时产出食品级高纯度 CO_2，实现减排与资源化双重效

益。该技术已纳入《钢铁行业碳中和路线图》，预计2025年将在全国15%的钢铁产能中推广。

（二）负排放技术潜力

生物质能结合CCUS（BECCS）：英国Drax电厂通过改造四台660MW机组，将秸秆燃烧产生的CO_2捕集封存，实现负排放发电，每吨CO_2净减排成本降至80英镑。该项目每年创造碳信用额度150万吨，成为欧盟碳市场重要供给源。

直接空气捕集（DAC）：瑞士Climeworks冰岛工厂通过地热能源驱动DAC装置，采用蜂窝状吸附模块设计，年捕集4 000吨CO_2并矿化封存，为全球首个商业化负排放项目。其第二代装置捕集效率提升40%，能耗降至1 500kWh/t CO_2。

二、保护生态系统：减缓气候变化对生物多样性的冲击

CO_2浓度上升导致的海洋酸化、极端气候事件频发等生态威胁，可通过CCUS技术有效缓解。联合国环境规划署评估表明，CCUS技术可使全球珊瑚礁退化速率降低18%，关键物种灭绝风险下降12%。

（一）海洋生态系统修复

蓝碳系统增强：阿联酋通过恢复1.2万公顷红树林，结合CO_2施肥技术，年固碳50万吨，同时保护海岸线免受侵蚀，提升海洋生物多样性。监测数据显示，项目区内鱼类种群密度增加120%，底栖生物量增长85%。

人工上升流技术：挪威Ocean－based公司利用深海泵提升富营养海水，刺激浮游生物生长，每台设备年固碳10万吨，缓解海洋酸化。该技术已在大堡礁应用，使局部海域pH回升0.15单位，钙化生物存活率提高30%。

（二）陆地生态保护

森林碳汇协同：中国“三北”防护林工程累计固碳 33 亿吨，结合 CCUS 技术后，通过精准施放 CO_2 气肥，区域碳汇能力提升 20%，有效遏制荒漠化。榆林沙区植被覆盖度从 1.8% 增至 34.8%，沙尘暴发生频率下降 60%。

土壤碳封存：保护性耕作技术结合生物炭施用，使土壤有机碳含量年均增长 0.3%，全球潜力达每年 5.5 亿吨 CO_2。美国中西部试点显示，该技术使玉米单产提升 8%，同时减少氮肥淋失量 25%。

三、改善空气质量：减少污染物协同减排

CCUS 技术不仅捕集 CO_2，还可同步减少硫氧化物（SOx）、氮氧化物（NOx）及颗粒物（PM2.5）等污染物排放，改善区域空气质量。世界卫生组织研究表明，燃煤电厂 CCUS 改造可使周边居民呼吸道疾病发病率降低 22%。

（一）燃煤电厂污染物协同控制

佛山佳利达项目：采用复合胺吸收剂捕集燃煤烟气中 90% 的 CO_2，同时通过多级洗涤塔实现脱硫效率达 99%，年减少 SOx 排放 1200 吨，显著改善珠三角地区空气质量。项目实施后，佛山 PM2.5 年均浓度下降至 $28\mu g/m^3$，优于国家二级标准。

华能集团石岛湾项目：采用化学链燃烧技术，通过金属氧化物载氧体将燃烧过程分解为氧化还原两阶段，使 NOx 生成量降低 70%，捕集后的 CO_2 用于合成甲醇，实现污染物与碳的双重减排。该技术煤电效率达 43.5%，较传统机组提升 6 个百分点。

（二）工业过程清洁化

水泥窑尾气治理：安徽海螺水泥 CCUS 项目采用钙循环捕集技术，年

捕集 CO_2 5 万吨，同步通过袋式除尘系统减少粉尘排放 50%，推动行业从“高污染”向“近零排放”转型。项目产出的 CO_2 用于生产碳酸钙板材，替代天然石材开采。

四、促进可再生能源发展：构建低碳能源系统

CCUS 与可再生能源的协同应用，可破解风光发电的间歇性难题，加速能源结构转型。国际可再生能源署测算显示，CCUS 技术可使风光发电系统容量因子提升 18%，储能需求减少 30%。

（一）绿氢与 CCUS 耦合

沙特 NEOM 绿氢工厂：配套 4GW 风光发电与碳捕集设施，采用高温固体氧化物电解槽技术，年产绿氢 120 万吨，成本较传统工艺降低 40%。项目创新性地将捕集的 CO_2 用于合成航空燃料，实现全链条零碳排放。

中国鄂尔多斯项目：建设全球首个万吨级风光制氢 - CCUS 一体化系统，利用弃风弃光电能驱动 CO_2 捕集与封存，同时生产蓝氢，形成“风光 - 氢 - CCUS”协同体系，综合能效提升 25%，年减排 CO_2 50 万吨。

（二）生物质能负排放

美国 Decatur 项目：通过改进气化炉设计，将生物质乙醇生产中的 CO_2 封存于 Mt Simon 砂岩层，年实现负排放 100 万吨。该项目验证了深部咸水层封存技术，监测数据显示封存体运移范围控制在预测模型 1% 误差范围内。

五、地质储存的安全性：长期封存的风险管控

CCUS 技术通过地质封存实现 CO_2 的永久隔离，其安全性依赖于精准监测与技术创新。全球碳封存研究院统计显示，现役封存项目泄漏率低于 0.001%，显著优于油气行业 0.1% 的行业标准。

（一）封存层稳定性验证

挪威 Sleipner 项目：采用四维地震监测技术，累计封存 2 000 万吨 CO_2 于北海 Utsira 岩层，InSAR 卫星监测显示地层位移不足 1 毫米/年，验证盐水层封存的安全性。封存体运移模型预测精度达 99.7%，成为国际行业基准。

吉林油田封存实践：建立包含 68 个监测井、12 套光纤传感系统的数字化监测网络，连续 12 年实现 CO_2 注入零泄漏，累计封存量达 325 万吨 CO_2。项目创新采用微震监测技术，实时捕捉千米深部地层微破裂信号。

（二）泄漏风险防控技术

AI 驱动的压力模拟：Nvidia Modulus 平台通过傅里叶神经算子（FNO）构建数字孪生系统，将封存模拟速度提升 70 万倍，实现 CO_2 运移路径 72 小时精准预测。该技术已应用于澳大利亚 Gorgon 项目，使监测成本降低 45%。

微生物矿化加固：太原理工大学研究团队筛选出巴氏芽孢杆菌菌株，利用其代谢产物诱导 CO_2 矿化为方解石，矿化速率提升 300%。现场试验显示，该方法可使封存层抗压强度增加 12MPa，渗透率下降 3 个数量级。

六、资源循环利用：CO_2 的高值化转型

CCUS 技术将 CO_2 从“废弃物”转化为工业原料，推动循环经济发展。全球碳循环经济市场规模预计 2030 年达 8 000 亿美元，涵盖建材、化工、食品等 12 个主要领域。

（一）化工资源化路径

CO_2 制甲醇：冰岛 CRI 公司开发新型铜锌铝催化剂，在 200℃、50bar 条件下，利用地热电解氢与捕集的 CO_2 合成甲醇，转化率 92%，年产 10 万吨。产品碳足迹较传统工艺减少 85%，已供应沃尔沃碳中和卡车燃料。

碳酸盐建材生产：加拿大 CarbonCure 采用专利注入技术，将 CO_2 以纳米气泡形式掺入混凝土，强度提升 10%，每立方米固碳 25 千克。该技术已应用于纽约世贸中心等标志建筑，累计减少碳排放 125 万吨。

（二）食品与农业应用

干冰制造：佛山佳利达项目采用三级压缩提纯工艺，年产 1.8 万吨食品级干冰，纯度达 99.99%，替代氟利昂制冷剂。该技术使冷链物流碳排放强度下降 40%，产品已供应粤港澳大湾区 70% 的生鲜市场。

CO_2 气肥增效：荷兰瓦赫宁根大学研发智能气肥系统，根据光照强度动态调节 CO_2 浓度（800 ~ 1 200ppm），使番茄光合效率提升 30%，化肥使用量减少 20%。该技术已在欧洲 3500 公顷温室推广应用。

七、协同环境治理：碳汇交易与生态修复

CCUS 与生态修复、碳汇市场的结合，创造了环境治理的综合效益。全球环境基金数据显示，CCUS 项目每吨 CO_2 可产生 12 ~ 18 美元的生态协同效益，是单纯碳价收益的 3 ~ 5 倍。

（一）碳汇金融化机制

中国 CCER 重启：林业碳汇项目交易价达 80 元/吨，吉林油田通过 CO_2 驱油封存获得碳汇收益，覆盖项目成本 35%。项目创新采用区块链溯源技术，确保每吨碳信用可验证、可追溯。

国际碳信用交易：挪威 Sleipner 项目通过碳信用预售机制，吸引北欧养老基金投资 2.3 亿欧元，支持新一代封存监测技术研发。项目开发碳信用保险产品，对冲长期封存风险。

（二）矿区生态修复

废弃油气田再生：加拿大 Weyburn 项目累计注入 CO_2 4 000 万吨，驱油效率提高 15%，封存层压力保持稳定。封存区地表植被覆盖率恢复至

90%，土壤有机质含量达邻近自然保护区的92%。

结语：环境效益的系统性跃升

CCUS 技术的环境价值已超越单一减排维度，形成“减排 - 修复 - 协同 - 循环”四位一体的生态增益体系。未来需进一步突破技术成本瓶颈（如将 DAC 成本降至 100 美元/吨以下）、完善跨区域监测网络、推动国际碳市场联动，以实现环境效益最大化。通过政策、技术与市场三重协同，CCUS 有望成为全球生态治理的核心引擎，为人类与自然和谐共生提供终极解决方案。

第四章

CCUS技术创新与挑战

第一节 CCUS 技术领域的最新创新

一、高效捕获技术：从材料革新到系统重构

在全球碳中和目标驱动下，CCUS 技术正从实验室走向规模化应用的关键阶段。作为技术链的核心环节，CO_2 捕获效率的提升直接决定了整体系统的经济性与可行性。当前，研究人员与企业通过材料科学、化学工程及仿生学的交叉创新，正在突破传统胺法吸收的瓶颈，构建更高效、低碳、可持续的捕获体系。

（一）材料革新：吸附剂与吸收剂的性能跃迁

1. 纳米结构吸附材料

传统碳捕获技术依赖胺类溶液吸收 CO_2，但存在能耗高、腐蚀性强等缺陷。美国辛辛那提大学研发的新型吸附系统采用碳纤维增强蜂窝状基底，表面负载纳米级金属有机框架（MOFs）材料。这种复合结构通过以下机制实现性能突破。

高比表面积设计：蜂窝状基底提供三维立体空间，碳纤维增强结构稳定性，MOFs 材料比表面积达 1 500m^2/g，可吸附相当于自身重量 30% 的 CO_2。

动态吸附循环：采用变压吸附（PSA）工艺，通过电力驱动实现 CO_2 的快速吸附与解吸，测试显示 2000 次循环后吸附效率仍保持 95% 以上。

能耗优化：与传统 MEA 吸收剂相比，该系统单位捕集能耗降低 50%，若改用热水驱动，能耗可进一步下降 30%。

该技术突破直接空气捕集（DAC）的经济性瓶颈，为分散式碳移除提供了新路径。

2. 仿生蜘蛛丝光催化材料

广东工业大学团队受蜘蛛丝捕获微尘的启发，开发出具有周期性纺锤结构的仿生吸附材料。这种材料通过表面能梯度与拉普拉斯压差协同作用，实现对 CO_2 的定向富集。

亲水界面设计：材料表面的羟基基团与 CO_2 分子形成氢键，在相对湿度 60% 条件下，CO_2 吸附量提升 40%。

液滴微反应器：吸附的 CO_2 在材料表面形成纳米液滴，与光催化剂结合实现原位转化，转化率达 85%。

自清洁特性：材料表面的超疏水微结构减少灰尘附着，延长使用寿命至 5 年以上。

该技术在工业烟气治理中展现出独特优势，尤其适用于高湿度、多污染物的复杂工况。

3. 温敏型智能吸附剂

西安建筑科技大学研发的温敏复合材料吸附剂，通过温度调控实现 CO_2 的可控捕获与释放。

温敏响应机制：材料在 40℃时发生相变，暴露更多氨基基团，最大吸附容量达 336mg/g；降温至 25℃时，材料收缩释放 CO_2。

选择性吸附：通过密度泛函理论优化官能团配比，对 CO_2 的选择性吸附率比 N_2 高 12 倍。

循环稳定性：经 500 次吸附 - 解吸循环后，性能衰减率小于 5%，再生能耗较传统吸附剂降低 40%。

这种智能材料为碳捕集与化工分离的耦合应用提供了新的可能。

（二）工艺创新：从单一捕集到系统集成

1. 液－液相变吸收技术

针对低浓度 CO_2 捕集难题，石油工程设计公司开发的相变吸收剂体系实现突破性进展。

分相再生机制：吸收剂与 CO_2 反应后形成富相（47%）与贫相（53%），仅需再生富相溶液，水的汽化潜热降低 60%。

快速分相特性：分相时间从传统工艺的 30 分钟缩短至 5 分钟，界面张力稳定在 25mN/m 以下。

工艺包开发：配套开发的模块化吸收塔可处理烟气量达 50 000m^3/h，CO_2 捕集率 > 90%。

该技术使燃煤电厂碳捕集成本降至 65 美元／吨，为电力行业脱碳提供了经济可行的解决方案。

2. 哌嗪基协同吸收体系

兴欣新材公司与清华大学联合攻关的哌嗪类吸收剂，通过分子结构优化实现脱硫脱碳一体化。

空间位阻效应：哌嗪衍生物的环状结构增强对 CO_2 的化学吸附能力，反应速率常数比 MEA 提高 2.3 倍。

协同脱除机制：在吸收 CO_2 的同时，可同步去除 SO_2 和 NOx，脱硫率 > 99%，脱硝率 > 85%。

工艺适配性：开发的吸收－再生流程适用于现有胺法装置改造，投资成本降低 35%。

该技术已在国内某钢铁厂完成中试，年捕集 CO_2 量达 80 万吨，副产硫酸铵 2 万吨。

（三）系统创新：从单点突破到生态协同

1. 直接空气捕集系统

辛辛那提大学团队开发的 DAC 系统通过以下创新实现规模化应用。

模块化部署：单个集装箱式单元日处理空气量 5 000 吨，CO_2 捕集率达 90%，可灵活组合成万吨级工厂。

智能控制算法：AI 模型实时优化吸附压力与温度参数，系统整体能效比提升 30%。

经济性突破：通过材料复用与工艺优化，单位捕集成本降至 94 美元/吨，接近国际能源署 2030 年目标。

该技术已吸引雪佛龙公司等企业投资，计划在北美部署首个百万吨级 DAC 集群。

2. 多污染物协同治理平台

上海海洋大学研发的渔业监测技术被创新性应用于碳捕集领域。

无人机监测网络：搭载高光谱传感器的多旋翼无人机可实时追踪 CO_2 羽流扩散，定位精度达米级。

AI 决策系统：基于历史数据训练的机器学习模型，预测最佳捕集时段与工艺参数，使捕集效率提升 15%~25%。

闭环管理体系：将 CO_2 捕集与制氢、制冷等工艺耦合，形成“捕集—利用—储存”一体化系统，综合能效提升 40%。

这种跨领域技术移植为 CCUS 系统的智能化升级提供了新思路。

（四）挑战与未来方向

1. 材料稳定性与寿命

尽管新型材料展现出优异性能，但长期循环中的老化问题仍需解决。例如，MOFs 材料在潮湿环境中易水解，仿生材料的光催化效率随时间衰减。未来需通过表面修饰、核壳结构设计等技术提升材料耐久性。

2. 成本与规模化瓶颈

当前高效捕获技术的单位成本仍高于传统工艺，尤其在 DAC 领域，设备投资占比达 70%。通过材料国产化、工艺标准化及规模化生产，预计到 2030 年碳捕集成本可降至 40 美元 / 吨以下。

3. 全生命周期环境影响

新型材料的合成过程可能引入新的环境风险，如纳米材料的生物毒性、相变吸收剂的废水处理问题。需建立从原料制备到退役处置的全生命周期评估体系，确保技术的环境友好性。

结语：碳捕获技术的第三次革命

从胺法吸收到智能材料，从单一工艺到系统集成，CCUS 技术正经历从“被动减排”到“主动修复”的范式转变。随着材料科学、人工智能与生物技术的深度融合，未来的碳捕获系统将具备更高的能效、更低的成本及更强的环境适应性，为全球碳中和目标提供坚实的技术保障。

二、碳利用技术：从工业废料到战略资源的价值重构

在全球碳中和进程中，碳利用技术正从“末端治理”向“资源循环”演进。通过化学合成、生物转化及材料创新，研究人员与企业正在将捕集的 CO_2 转化为具有市场价值的产品，形成“减排 – 增值 – 再投资”的良性循环，不仅提升了 CCUS 项目的经济性，更构建了工业领域的低碳生态系统。

（一）化学品合成：CO_2 的分子重构革命

1. 电催化还原技术

斯坦福大学团队开发的单原子催化剂，在常温常压下实现 CO_2 到甲醇的高效转化。

原子级活性位点：铂单原子锚定在氮掺杂石墨烯上，形成独特的电子

结构，CO_2 转化率达 92%，甲醇选择性超过 85%。

能量效率突破：采用可再生能源电力驱动，每千瓦时电力可转化 0.35 克 CO_2，系统能效比传统工艺提升 40%。

模块化反应器设计：集装箱式装置日处理 CO_2 量达 50 吨，配套开发的智能控制系统实现全流程自动化。

该技术已在挪威 Equinor 的氢能工厂试点应用，将电解水制氢与 CO_2 转化结合，生产低碳甲醇作为船用燃料。

2. 生物酶催化合成

中国科学院天津工业生物技术研究所研发的人工固碳酶系统，通过模拟光合作用实现 CO_2 到葡萄糖的转化。

酶分子工程：将 CO_2 固定酶与糖代谢酶级联组装，突破自然光合作用的效率限制，CO_2 固定速率比植物高 10 倍。

无细胞合成体系：在体外构建生物反应器，利用合成生物学技术优化代谢路径，葡萄糖产率达 1.2g/L/h。

工业适配性：开发的连续流反应装置可处理烟气中低浓度 CO_2，配套开发的分离纯化工艺使产品纯度达 99.5%。

这种技术为食品、医药行业提供了可持续的碳基原料，预计到 2030 年可替代 20% 的传统葡萄糖生产。

（二）燃料生产：能源体系的低碳重构

1. 合成航空燃料

英国石油公司（BP）与牛津大学合作开发的 CO_2 加氢制航油技术，通过以下创新实现商业化突破。

催化剂优化：采用双金属纳米颗粒催化剂，将 CO_2 与绿氢转化为长链烃类，碳链选择性达 75%，满足航空燃料标准。

工艺集成：将捕集的 CO_2 与风电电解水制氢耦合，形成“绿电 - 绿氢 - 航油”闭环，全生命周期碳排放降低 80%。

经济性验证：在荷兰鹿特丹的示范工厂，每升合成航油成本降至 2.3 美元，预计 2035 年可与传统航油竞争。

该技术已获得空客、波音等公司的订单，计划 2028 年实现百万升级量产。

2. 微生物发酵制甲烷

丹麦诺维信公司开发的微生物菌群，可将 CO_2 直接转化为生物天然气。

混合菌群优化：通过宏基因组学技术筛选出高效产甲烷菌，在 55℃、pH7.5 条件下，CO_2 转化率达 95%，甲烷纯度 > 98%。

模块化生物反应器：单个集装箱式装置日处理 CO_2 量 10 吨，配套开发的在线监测系统实时调控菌群活性。

应用场景扩展：与市政污水处理厂合作，利用污泥消化产生的 CO_2 生产生物天然气，单位成本比传统沼气低 30%。

这种技术为分布式能源系统提供了清洁气源，已在哥本哈根的“零碳社区”项目中实现规模化应用。

（三）材料创新：碳基产品的性能跃迁

1. 可降解塑料

中国宝武集团开发的 CO_2 基聚碳酸酯材料，通过以下技术突破实现产业化。

共聚催化剂：采用稀土金属配合物催化剂，使 CO_2 与环氧丙烷的共聚效率提升 3 倍，产物分子量分布窄化。

生产工艺优化：开发的连续聚合工艺使单线产能达 10 万吨 / 年，能耗比间歇工艺降低 45%。

产品性能提升：材料的拉伸强度达 65MPa，热变形温度超过 130℃，可替代传统石油基塑料用于电子元件封装。

该技术已建成全球首条万吨级生产线，产品出口至欧盟、日本等市场，碳足迹比传统塑料减少 70%。

2. 碳酸盐建材

德国海德堡水泥集团开发的 CO_2 矿化技术，将工业废渣转化为低碳建筑材料。

混合矿化工艺：将钢渣、粉煤灰等工业固废与 CO_2 反应，生成稳定的碳酸盐矿物，反应转化率达 85%。

建材性能优化：生产的碳酸盐骨料抗压强度达 80MPa，抗冻融循环次数超过 500 次，符合欧洲标准（EN）。

全流程减排：在水泥生产过程中捕集 CO_2 并用于矿化，每吨建材可封存 0.8 吨 CO_2，整体碳强度降低 40%。

该技术已在德国汉堡的“零碳建筑”项目中应用，预计到 2030 年可覆盖欧洲 15% 的建材市场。

（四）生物转化：自然循环的技术强化

1. 微藻固碳

美国 Solazyme 公司开发的微藻生物反应器，通过基因编辑技术提升 CO_2 固定效率。

高光效藻株选育：利用 CRISPR 技术打开竞争代谢通路，使微藻油脂产量提升 50%，CO_2 固定速率达 3.5g/L/d。

光生物反应器设计：开发的垂直管式反应器实现光强均匀分布，光能利用率比传统池塘法提高 4 倍。

产业链延伸：微藻油脂可转化为生物柴油、化妆品原料等高附加值产品，副产品藻渣用于土壤改良。

该技术已在中东地区建成千吨级示范项目，每公顷反应器年固碳量达 200 吨。

2. 真菌转化技术

中国科学院微生物研究所发现的新型担子菌，可将 CO_2 转化为黑色素等天然产物。

代谢路径重构：通过过表达关键酶基因，使真菌在富 CO_2 环境中优先合成黑色素，产率达 0.8g/L。

环境适应性：菌株在 30～45℃、pH4～9 范围内均能高效转化 CO_2，适合工业烟气复杂工况。

产品应用扩展：黑色素可用于食品着色、医药中间体及光电器件，附加值比传统碳利用产品高 5 倍。

该技术为高浓度 CO_2 的资源化利用提供了新路径，已申请国际专利并进入中试阶段。

（五）技术协同：碳利用的生态网络构建

1. 氢能－碳利用耦合系统

日本三井物产开发的“氢能岛”项目，通过以下协同机制实现效益最大化。

绿氢生产：利用海上风电电解水制氢，年产能 5 万吨，碳排放强度 < $10kgCO_2/kgH_2$。

CO_2 转化：将捕集的 CO_2 与绿氢合成甲醇，年产 15 万吨，满足船舶燃料需求。

副产品利用：甲醇合成过程中产生的水蒸气用于海水淡化，年产淡水 200 万吨，支撑岛上居民用水。

这种多能互补模式使项目内部收益率提升至 18%，成为东亚地区零碳能源的示范标杆。

2. 工业共生网络

荷兰鹿特丹港的“碳循环园区”，通过企业间物质流优化实现资源高效利用。

CO_2 共享平台：炼油厂捕集的 CO_2 通过管道输送至周边化工厂，用于生产尿素、碳酸二甲酯等产品。

能源梯级利用：化工厂产生的余热用于海水淡化，淡水回用于炼油过程，系统能效提升 35%。

副产品交换：钢铁厂的高炉渣与 CO_2 反应生成建材，每年减少固废填埋量 50 万吨。

这种工业生态系统使园区整体碳强度降低 60%，被联合国工业发展组织列为全球循环经济典范。

（六）挑战与未来方向

1. 技术经济性瓶颈

当前碳利用产品成本普遍高于传统产品，如 CO_2 基塑料价格比石油基产品高 20%~30%。须通过以下途径进行突破。

规模化生产：建设百万吨级工厂，摊薄设备投资成本。

工艺优化：开发连续化、智能化生产流程，降低能耗与物耗。

政策激励：通过碳税优惠、绿色采购等政策创造市场需求。

2. 产品市场接受度

消费者对碳利用产品的认知度不足，需加强市场教育与品牌建设。例如，推行“碳足迹认证”制度，使消费者直观感受产品的环境价值。

3. 技术集成复杂性

碳利用涉及多学科交叉，需建立跨领域研发平台。例如，化学工程师与生物学家合作开发新型催化剂，材料学家与计算机专家协同设计智能反应器。

从工业废气到战略资源，碳利用技术的创新正在重构人类与碳循环的关系。通过分子水平的精准操控、跨产业的协同优化及生态系统的智能管理，CO_2 正从环境负担转化为经济发展的新动能。未来，随着合成生物学、人工智能等技术的深度融合，碳利用将催生更多高附加值产品，为全球碳中和目标提供技术支撑与经济激励的双重保障。

三、低成本地质封存：从选址优化到生态协同的成本革命

在 CCUS 技术链中，地质封存环节的成本占比达 30% ~40%，是制约技术规模化应用的关键因素。近年来，研究人员通过地质工程创新、数字技术赋能及跨学科协同，正在突破传统封存模式的经济性瓶颈，构建覆盖选址、运输、封存全流程的成本控制体系。这种技术革新不仅降低了封存成本，更创造了能源生产与碳汇开发的协同价值。

（一）智能选址与管网优化：成本控制的空间革命

1. 最小成本路径算法的应用

中国科学院地质与地球物理研究所开发的智能选址系统，通过以下技术实现管网成本降低。

多维度成本阻抗面构建：整合生态红线、土地利用类型、地表坡度等 12 项自然与社会经济指标，采用层次分析法确定各因子权重，建立动态成本评估模型。例如，生态保护区的成本倍增系数达 5.2，而平坦农田仅 1.1。

路径优化算法：基于 Dijkstra 算法改进的最小成本路径模型，在鄂尔多斯盆地的应用中，将管网建设成本降低 28%，单公里运输能耗减少 15%。

全生命周期成本模拟：结合蒙特卡罗模拟技术，预测管道在 30 年运营周期内的维护成本，优化封存场址布局。

该技术已应用于中国“西气东输”CCUS 管网规划，预计到 2030 年可降低运输成本 35%。

2. 深部咸水层封存技术突破

西南石油大学团队开发的超临界 CO_2 渗吸驱替技术，通过以下机制提升封存效率。

纳米界面调控：在岩石表面修饰双亲性分子，使 CO_2 在孔隙中的渗透率提高 40%，单井封存能力从 50 万吨／年提升至 80 万吨／年。

应力场动态平衡：利用地应力监测系统实时调整注入速率，避免地层破裂风险，封存安全性提升 60%。

化学固碳协同：注入的 CO_2 与地层中的钙镁离子反应生成碳酸盐矿物，碳固定率达 65%，形成永久性碳汇。

该技术在四川盆地的示范项目中，使封存成本降至 25 美元／吨，为深部咸水层规模化应用奠定基础。

（二）多相态封存技术：物理特性的创新利用

1. 水合物固化封存

中海油研究总院研发的深海二氧化碳水合物封存技术，通过以下创新实现成本突破。

低温高压环境利用：在南海深水区（水深 1500 米），CO_2 与水在 4℃、7.5MPa 条件下自发形成水合物，封存密度达 $180m^3/m^3$，相当于气态储存的 180 倍。

置换开采协同：利用 CO_2 置换天然气水合物中的甲烷，实现“封存＋开采”双重效益。实验显示，每封存 1 吨 CO_2 可产出 0.8 吨甲烷，净收益达 60 美元／吨。

盖层稳定性增强：通过人工诱导形成 CO_2 水合物盖层，渗透率降低 90%，泄漏风险控制在 0.01% 以下。

该技术已在南海恩平 15－1 平台实现百万吨级封存，成为全球首个海上水合物法 CCUS 项目。

2. 超临界 CO_2 强化采油封存

中石油集团长庆油田开发的“封存＋采油”一体化技术，通过以下机制提升经济性。

多相流驱替优化：CO_2 在超临界状态下的黏度仅为原油的 1/5，可进入微小孔隙，使采收率提高 12%，单井增油量达 3 000 吨。

封存效率提升：注入的 CO_2 中 75% 永久滞留在油藏，剩余 25% 通过回注实现循环利用，综合封存率达 90%。

成本分摊模式：采油收益覆盖 60% 的封存成本，使单位封存成本降至 35 美元／吨。

该技术已在鄂尔多斯盆地部署 200 口井，年封存能力突破 500 万吨。

（三）循环经济协同：封存成本的价值转化

1. CCCUS 技术系统

西南石油大学首创的碳捕获－循环生化合成－地质封存（CCCUS）技术，通过以下协同机制实现成本突破。

生化合成天然气：利用微生物将 CO_2 转化为甲烷，转化率达 95%，产气纯度 > 98%。每封存 1 吨 CO_2 可产出 150m^3天然气，价值约 45 美元。

地热资源利用：CO_2 水合物分解产生的热量用于发电，每万吨封存可产电 80 万度，收益达 8 万美元。

多目标封存：将 CO_2 封存在枯竭油气藏，同步实现强化采油、地热开发、碳汇创造三重效益，综合收益率提升 40%。

该技术在新疆塔里木盆地的示范中，使封存成本降至 18 美元／吨，成为全球首个实现正收益的 CCUS 项目。

2. 工业共生网络

荷兰鹿特丹港的“碳循环园区”通过以下模式降低封存成本。

CO_2 共享平台：炼油厂捕集的 CO_2 通过管网输送至周边化工厂，用于生产尿素、碳酸二甲酯等产品，减少单独封存需求。

能源梯级利用：化工厂产生的余热用于海水淡化，淡水回用于炼油过程，系统能效提升 35%，降低综合能耗成本。

副产品交换：钢铁厂的高炉渣与 CO_2 反应生成建材，每年减少固废填埋量 50 万吨，节省处置成本 1 500 万美元。

这种工业生态系统使园区整体封存成本降低 60%，被联合国列为全球循环经济典范。

（四）数字化赋能：全流程成本管控

1. 数字孪生技术应用

壳牌公司开发的封存场址数字孪生系统，通过以下功能实现成本优化。

地质建模：基于三维地震数据构建油藏模型，预测 CO_2 运移路径与封存容量，误差率 < 5%。

实时监测：部署光纤传感器网络，实时采集压力、温度、流体成分数据，AI 算法动态调整注入策略，减少无效能耗 15%。

风险预警：机器学习模型分析历史数据，预测泄漏概率并提前部署应急措施，维护成本降低 30%。

该系统在北海 Sleipner 项目中的应用，使封存成本从 55 美元 / 吨降至 42 美元 / 吨。

2. 区块链溯源系统

中国宝武集团开发的碳资产区块链平台，通过以下机制提升封存可信度。

全流程上链：从捕集到封存的每个环节数据实时记录，包括 CO_2 来源、运输路径、封存场址参数等，确保数据不可篡改。

智能合约管理：自动执行碳资产交易，降低中介成本。例如，当封存达到预定年限后，智能合约自动释放碳信用，节省管理成本 20%。

多方协同验证：政府、企业、第三方机构共同参与数据验证，提高碳资产市场流动性，溢价率达 15%。

这种技术使封存环节的交易成本降低 40%，推动碳资产证券化发展。

（五）挑战与未来方向

1. 技术瓶颈

超深层封存技术：目前主流封存深度在 2 000 米以内，更深层（3 000 米以上）的高温高压环境对材料性能提出更高要求，需开发耐腐蚀性更强的合金材料。

海上封存基础设施：海上封存需要专用运输船、海底管道等基础设施，当前单位成本比陆上高 50%，需通过标准化设计降低投资。

2. 成本优化路径

规模化效应：建设千万吨级封存集群，摊薄单位成本。例如，美国二叠纪盆地的集群项目使封存成本降至 28 美元／吨。

政策激励：通过碳税优惠、政府补贴等政策，将封存成本外部化。欧盟 CBAM 机制预计可使封存收益提升 35%。

3. 生态协同创新

封存与新能源结合：将 CO_2 封存与海上风电、潮汐能开发结合，利用清洁能源电力驱动捕集，降低碳强度。

封存与生物多样性保护：在封存场址周边开展生态修复，创造碳汇与生物多样性的双重价值，如挪威的北极熊栖息地保护计划。

从单纯的成本负担到价值创造枢纽，地质封存技术的创新正在重构 CCUS 的经济性逻辑。通过智能选址、多相态封存、循环经济协同及数字化赋能，封存成本已从 2010 年的 80 美元／吨降至当前的 40 美元／吨以下。未来，随着超临界技术、人工智能与生物技术的深度融合，地质封存将成为兼具环境效益与经济效益的战略产业，为全球碳中和目标提供坚实支撑。

四、新型催化剂与反应工程

在 CO_2 转化为高附加值化学品的过程中，催化剂的活性、选择性及稳定性是制约技术经济性的核心因素。近年来，全球科研机构围绕新型催化剂设计与反应工程优化展开了系统性攻关，通过材料科学、化学工程与人工智能的交叉融合，突破了传统技术瓶颈，为 CCUS 规模化应用奠定了基础。

（一）新型催化剂的开发策略

1. 改性铜基催化剂的性能突破

针对 CO_2 加氢制甲醇反应，华东理工大学团队通过调控铜锌铝催化剂的微观结构，成功开发出高活性改性铜基催化剂。该催化剂采用溶胶－凝胶法制备，引入 ZrO_2 作为结构助剂，形成三维多孔网络，显著提高了活性位点的分散度。实验数据表明，在 230℃、5MPa 条件下，CO_2 转化率可达 99%，甲醇选择性超过 99%，且连续运行 1000 小时后仍保持稳定性能。这一成果通过外三电厂万吨级示范项目验证，其捕集效率达 95% 以上，实现了燃煤烟气中 CO_2 的高效捕集与转化一体化。

2. 双功能催化剂的协同效应

针对高温烟气中 CO_2 捕集与原位转化的需求，胡军教授团队设计了 Ni－CaO 复合催化剂，通过界面协同作用突破了传统技术的限制。该催化剂将 CaO 的 CO_2 吸附特性与 Ni 基催化剂的重整活性相结合，在钙循环（CaL）与甲烷干重整（DRM）耦合反应中，实现了 CO_2 捕集量 12.8 mol/kg，捕集 CO_2 转化率达 96.5%，CH_4 转化率达 96.0%。其核心创新在于揭示了 CaO 吸附位点与 Ni 催化位点间的中间物种溢流机制，有效抑制了积碳失活，为高温 ICCC 技术提供了理论支撑。

3. 室温 CO_2 转化的绿色路径

浙江工业大学梁初教授团队提出了水辅助室温转化技术，通过 LiH 与 CO_2 的反应，在 20 秒内将 CO_2 转化为多孔碳材料。该过程无须高温高压，且所有反应物可循环再生，形成闭环反应体系。所制备的碳材料在超级电容器、催化剂载体等领域展现出优异性能，其中石墨化产物用作锂电池负极材料时，充电速率较传统石墨提升 3 倍，循环寿命延长 50%。

（二）反应工程的系统优化

1. 能量梯级利用技术

针对燃煤电厂低品位余热的高效利用问题，外三电厂示范项目采用夹点技术对换热网络进行重构，结合广义回热系统，实现了蒸汽能源的三级梯级利用。通过将捕集工段的富液再生热与甲醇合成工段的反应热耦合，系统能耗降低 30%，单位产品蒸汽消耗量从 1.8 吨降至 1.2 吨，显著提升了工艺经济性。

2. 膜分离集成工艺

霍普绿碳公司开发的物理法膜分离技术，采用高分子复合膜在常温常压下实现 CO_2 高效捕集，纯度达 96% 以上。该技术突破了化学吸收法的溶剂再生能耗瓶颈，捕集成本较传统胺法降低 40%。结合膜分离与催化转化的集成工艺，可实现 CO_2 从捕集到转化的连续化运行，为中小型排放源提供了灵活解决方案。

3. 等温固定床反应器设计

中国科学院过程工程研究所针对 CO_2 与环氧乙烷合成碳酸乙烯酯的反应，开发了高活性负载碱金属催化剂，并设计了径向流等温固定床反应器。通过优化床层温度分布，抑制了副反应发生，使碳酸乙烯酯选择性达 98%，时空收率提升至 1.5 kg/L·h，为万吨级工业装置奠定了基础。

（三）协同促进机制的理论创新

Ni－CaO 双功能催化剂的协同效应研究揭示了多尺度界面调控的关键作用：在纳米尺度，CaO 表面的氧空位促进 CO_2 吸附活化；在微米尺度，Ni 颗粒与 CaO 的接触界面形成电子转移通道，加速表面反应动力学。密度泛函理论计算表明，这种协同作用使 CO_2 吸附能从 1.2 eV 降至 0.8 eV，

同时降低了 CH_4 脱氢反应的活化能，从而在抑制积碳的同时提升转化效率。

（四）技术示范与产业化挑战

目前，中国已建成多个万吨级 CCUS 示范项目，如上海外三电厂年捕集 1 万吨 CO_2 制甲醇项目、四川大竹县膜法碳捕集项目等。然而，产业化仍面临多重挑战。

催化剂成本与寿命：高性能催化剂的制备成本较高，需进一步开发低成本合成工艺。

工程放大效应：实验室成果向工业化转化时，需解决传质、传热不均等问题。

全产业链协同：CO_2 捕集、运输、转化与封存各环节需形成高效协同网络。

（五）未来发展方向

智能催化剂设计：借助机器学习与高通量筛选技术，加速新型催化剂研发。

低碳工艺集成：将 CCUS 与可再生能源、氢能技术深度融合，构建零碳产业链。

负碳技术突破：探索碳酸盐甲烷干重整等颠覆性技术，实现工业过程净负排放。

综上所述，新型催化剂与反应工程的创新正在重塑 CCUS 技术格局。未来需通过多学科交叉与产学研协同，推动技术迭代升级，为“双碳”目标提供关键支撑。

五、碳捕获技术的模块化和智能化

在全球能源结构加速转型的背景下，碳捕获技术正从实验室走向规模化应用。为应对工业场景多样性、运行条件动态变化等挑战，模块化与智能化成为提升碳捕获系统灵活性和适应性的关键路径。通过将复杂工艺分解为标准化单元，并嵌入智能控制算法，新型碳捕获装备可实现快速部署、动态优化与全流程自主调控，为“双碳”目标提供技术支撑。

（一）模块化与智能化的协同创新逻辑

1. 模块化设计的系统解构与重构

模块化技术通过功能单元的标准化设计，将碳捕获系统拆分为吸附、再生、分离等独立模块。以中国首台600吨级DAC装置“CarbonBox”为例，其捕集单元与处理单元均采用40尺集装箱规格，可通过堆叠组合实现百万吨级捕集规模。这种设计突破了传统碳捕集装置对固定场地的依赖，使系统能够根据需求灵活部署于电厂、钢厂甚至移动平台。

2. 智能化控制的决策闭环构建

智能化技术通过传感器网络实时采集温度、压力、浓度等参数，结合人工智能算法优化运行策略。北京理工大学研发的有机胺捕集系统通过机器学习模型，动态调整吸收塔液气比与再生温度，使捕集能耗降低20%，溶剂损耗减少15%。该系统还具备故障预测功能，通过分析历史数据识别潜在风险，实现预防性维护。

3. 协同效应的系统级优化

模块化与智能化的深度融合形成“即插即用”的智能捕集网络。挪威Aker公司的只需捉住（Just Catch）系统通过标准化模块与数字孪生技术，实现跨行业碳捕集方案的快速定制。在沙特阿美项目中，该系统可根据炼油厂烟气成分自动切换吸附剂类型，捕集效率提升至98%，同时支持氢气联产，显著降低综合成本。

（二）智能传感与控制技术的突破

1. 多参数传感器阵列的集成应用

维萨拉 CO_2 传感器与 Mirico Orion 传感器的组合使用，可实现碳捕集全流程的精准监测。在 Soletair Power 的农场碳管理项目中，传感器网络实时追踪动物呼吸与有机肥发酵产生的 CO_2，结合气象数据预测排放峰值，指导捕集设备动态调整运行功率，使捕集效率提升 12%。

2. 自适应控制算法的开发

针对胺法捕集过程的非线性特征，研究人员开发了基于强化学习的动态优化算法。该算法通过在线学习调整贫富液流量比，在保证 CO_2 纯度的前提下，将再生能耗降至 3.2 MJ/kg CO_2，较传统 PID 控制节省能耗 18%。上海交通大学团队将其应用于燃煤电厂捕集装置，实现了 99.5% 的捕集率与 96% 的纯度双达标。

3. 数字孪生技术的虚实交互

通过构建物理系统的虚拟镜像，数字孪生技术为碳捕集过程提供预测性维护与工艺优化支持。中石化集团某炼化项目中，数字孪生模型通过模拟不同工况下的吸附剂性能衰减曲线，提前 48 小时预警再生塔故障，避免了 200 万元的停机损失。

（三）模块化系统的工程实践

1. 标准化模块的接口协议统一

为解决异构模块兼容性问题，国际能源署（IEA）牵头制定了 CCUS 模块通信标准 IEC 62541。该标准定义了数据格式、控制指令与安全协议，使不同厂商的吸附模块、膜分离单元可通过即插即用方式集成。美国莱斯大学开发的三室电化学反应器即遵循该标准，实现了 CO_2 再生与氢能生产的模块化协同。

2. 快速装配技术的创新

模块化系统采用预制化安装工艺，显著缩短现场施工周期。CarbonBox装置通过螺栓连接与管道快接技术，将单套600吨级系统的安装时间从传统工艺的3个月压缩至15天。这种“乐高式”组装模式为应急碳捕集响应提供了技术可能。

3. 典型案例的规模化验证

在荷兰某天然气处理厂，Aker公司部署的只需捉住（Just Catch）模块实现了年捕集50万吨CO_2的稳定运行。该系统通过远程运维平台实时监控全球17个站点的运行状态，故障响应时间从传统模式的48小时缩短至2小时，运维成本降低35%。

（四）性能评估与经济性分析

1. 多维度评价指标体系

建立包含捕集效率（η）、单位能耗（E）、单位成本（C）和可靠性（MTBF）的四维评估模型：综合性能指数$=E\times C\eta\times$MTBF。通过该模型对不同技术路线进行量化比较，发现模块化智能捕集系统的综合性能指数较传统技术提升2.3倍。

2. 全生命周期成本优化

以某10万吨级燃煤电厂捕集项目为例，模块化系统的初期投资成本较传统方案高15%，但通过降低运维成本与延长设备寿命，全生命周期成本反而降低22%。敏感性分析显示，当捕集规模超过50万吨/年时，模块化方案的经济性优势将进一步扩大。

3. 技术扩散的边际效应

随着模块产量增加，单位成本呈现显著下降趋势。据测算，当全球模块化捕集装置年产能突破1 000套时，单位捕集成本将从当前的65美元/吨降至42美元/吨，接近国际碳价预期水平。

（五）未来发展方向与挑战

1. 技术创新的三大路径

材料智能化：开发响应式吸附剂，通过光／电刺激调控吸附容量。

能量自平衡：集成余热回收与储能模块，实现系统净零能耗运行。

认知决策：构建碳捕集数字大脑，支持跨区域协同优化。

2. 应用场景的拓展

在工业领域，模块化系统可嵌入钢铁、水泥生产线实现“近零排放”；在交通领域，移动捕集单元可安装于船舶、飞机实现动态减排；在建筑领域，分布式系统可结合空调通风系统实现楼宇碳中和。

3. 系统性挑战与应对策略

标准体系缺失：推动建立全球统一的模块化接口标准。

数据安全风险：开发边缘计算与区块链技术保障数据隐私。

政策支持不足：完善碳价机制与补贴政策，加速技术商业化。

六、先进的地质监测技术

地质封存作为 CCUS 全链条的终端环节，其安全性直接关系到技术的商业化进程与公众接受度。为应对 CO_2 长期封存的复杂地质环境，全球科研机构通过多学科交叉创新，构建了涵盖地表至地下千米级的智能监测体系。该体系通过追踪 CO_2 运移路径、评估储层力学响应、预警泄漏风险，为封存库的全生命周期管理提供技术保障。

（一）地下气体追踪技术的突破

1. 四维地震监测技术的应用

四维地震（4D seismic）通过时移地震数据对比，实现 CO_2 羽状体的动态追踪。中石化集团胜利油田 Gao89 区块的应用表明，该技术可识别注入井周围 0.5m／天的 CO_2 扩散速率，并通过 AVO 叠前反演分离储层压力与饱和度变化。研究发现，注入井附近有效压力降低与生产井压力升高的趋势与实测数据吻合，验证了该技术在薄互层、低渗储层中的适用性。

2. 地球化学指纹溯源技术

基于同位素示踪的地球化学方法，可精准区分原生 CO_2 与注入 CO_2。中国鄂尔多斯盆地项目通过 $\delta^{13}C$ 同位素比值分析，在注入井 3km 外检测到 CO_2 信号，结合流体包裹体成分分析，成功定位超临界 CO_2 的运移路径。该技术为泄漏源识别提供了关键证据，其检测精度可达 ppm 级。

3. 智能传感网络的构建

借鉴燃气管道声波定位技术，研究人员开发了多频震动信号采集系统。该系统通过向封存层施加特殊调制频率，利用地面接收机解算 CO_2 分布，探测深度达 5m，定位精度 10cm。在挪威 Sleipner 油田，此类系统与海底机器人协同作业，实现了海底 CO_2 泄漏的三维空间监测。

（二）岩石力学性质监测体系

1. 岩体移动监测技术

采用光纤分布式声波传感（DAS）与钻孔倾斜仪结合的方法，可实时获取储层位移数据。加拿大 Quest 项目通过 DAS 系统捕捉到 CO_2 注入引发的微地震事件，定位精度 ±5m，结合有限元模拟预测储层应力变化，指导注入速率动态调整。此外，GPS 与 InSAR 技术的融合应用，实现了地表毫米级形变监测。

2. 真三轴测试系统的创新

清华大学研发的智能岩石力学检测系统，通过阶梯槽密封设计与数值仿真模块，突破了高温高压环境下的测试瓶颈。该系统可模拟 CO_2 注入对储层的三轴应力影响，其花岗岩试块压缩试验结果与现场监测数据误差小于 3%。西南石油大学的 RTR－1000 系统则实现了 140MPa 围压下的岩石变形特征研究，为盖层密封性评估提供实验依据。

3. 多物理场耦合分析

通过建立 CO_2 – 水 – 岩相互作用模型，量化流体渗流与岩石力学的耦合效应。美国二叠纪盆地研究表明，CO_2 注入导致最大主应力方向偏转15°，诱发微地震频率达 3 次 / 小时。该模型结合机器学习算法，可预测储层渗透率演化趋势，优化封存策略。

（三）多源数据融合与智能分析

1. 数字孪生技术的应用

挪威国家石油公司开发的 TwinStore 系统，整合地震、测井、地质等多源数据，构建封存库数字孪生模型。该模型可模拟 CO_2 注入后 100 年的压力场变化，预测误差率 < 3%，并成功预警两次盖层泄漏风险。其核心算法通过图神经网络优化，实现 2000 余口井数据的秒级响应。

2. 区块链溯源系统

欧盟 H2020（“地平线 2020”）项目开发的 BlockCCUS 平台，将传感器数据加密上链存储，确保监测数据不可篡改。德国 Ketzin 试点中，该平台通过 3000 小时压力数据验证，数据完整性达 99.99%，为碳信用额度核算提供可信依据。

3. AI 驱动的风险评估

利用深度学习模型分析微地震序列特征，可识别储层破裂前兆。中国鄂尔多斯盆地项目中，AI 模型通过分析 10 万组微地震数据，提前 72 小时预警潜在泄漏风险，较传统方法响应时间缩短 60%。

（四）技术挑战与未来方向

1. 复杂地质条件下的监测难题

深层咸水层与枯竭油气藏的非均质性，要求监测技术具备强抗干扰能力。需研发耐高温高压的微型传感器阵列，突破 5000 米超深封存层监测瓶颈。

2. 长期数据挖掘与模型优化

现有监测数据多集中于短期预警，需构建时序数据分析平台，挖掘 CO_2 运移与储层演化的长期规律。例如，通过分析十年尺度的四维地震数据，建立 CO_2 羽状体扩散预测模型。

3. 低成本监测技术研发

当前高精度监测成本高昂，如四维地震单井费用达 500 万美元。需开发基于无人机的多光谱遥感技术与轻量化边缘计算设备，使监测成本降至当前的 1/3。

（五）典型案例与工程验证

1. 挪威 Sleipner 油田

技术组合：InSAR、重力测量、海底机器人。

成果：累计封存 3000 万吨 CO_2，泄漏率低于 0.1%。

创新：建立首个海底 CO_2 泄漏应急响应系统。

2. 美国 Weyburn－Midale 项目

技术组合：井间 CT、地球化学、微地震。

成果：验证 CO_2－EOR 协同封存的商业可行性。

突破：开发储层压力－渗透率动态耦合模型。

3. 中国鄂尔多斯盆地

技术组合：四维地震、光纤传感、AI 预警。

成果：单日注入量突破 5 000 吨，泄漏预警准确率 95%。

发现：揭示陆相泥岩盖层的应力敏感特性。

七、CCUS 与可再生能源的整合

在全球能源体系加速向低碳转型的背景下，CCUS 与可再生能源的深度整合成为实现负排放目标的关键路径。通过将风能、太阳能等清洁能源与碳捕集、利用与封存技术相结合，不仅能构建高效低碳的能源系统，还可通过碳循环利用创造新的经济价值。这种整合模式正在重塑能源生产与消费格局，为“双碳”目标提供系统性解决方案。

（一）整合技术路径与协同效应

1. 电力系统调峰与灵活性提升

可再生能源发电的间歇性特征对电网稳定性构成挑战。配备 CCUS 的燃煤机组通过动态调整运行负荷，可提供灵活调峰服务。新疆克拉玛依 2×66 万千瓦煤电 CCUS 一体化项目通过捕集燃煤烟气中的 CO_2 并注入油田驱油，在保障电网稳定供电的同时，每年实现 100 万吨碳减排。该系统与风电、光伏协同运行时，可将弃电率降至 5% 以下，显著提升可再生能源消纳能力。

2. 低碳氢与合成燃料生产

利用可再生能源电力驱动电解水制氢，结合 CCUS 技术捕集工业排放的 CO_2，可生产零碳合成天然气（SNG）和绿色甲醇。西南石油大学侯正猛院士团队研发的“CCCUS”技术通过地下生化合成，将 CO_2 转化为可再生天然气，其能量转化效率较传统工艺提升 20%。该技术在新疆准噶尔盆地试点中，实现日处理 CO_2 5000 吨，同步产出天然气 12 万立方米。

3. 负排放能源系统构建

生物质能与 CCUS 结合（BECCS）可实现净负排放。内蒙古某生物质电厂通过捕集燃烧过程中的 CO_2 并封存于咸水层，年减排量达 80 万吨。结合风电制氢，该系统可进一步生产负碳甲醇，为航空、航运等难以脱碳领域提供燃料解决方案。

（二）典型案例与工程实践

1. 克拉玛依煤电 CCUS 一体化项目

技术路线：2×66 万千瓦超超临界燃煤机组 + 百万吨级 CO_2 捕集 + 可再生能源耦合。

创新点：开发烟气余热梯级利用技术，将捕集能耗降低至 2.8 MJ/kg CO_2。构建“煤电－CCUS－驱油”全产业链，实现碳捕集率达 95%、驱油效率提升 18%。配套 400 万千瓦新能源装机，形成多能互补的新型电力系统。

效益：项目投产后每年可减少燃煤消耗 120 万吨，相当于减排 CO_2 300 万吨，同时增产原油 50 万吨。

2. 挪威 Longship（长船）项目

技术路线：天然气发电 + CCUS + 绿氢生产。

创新点：采用化学链燃烧技术捕集 CO_2，纯度达 99%。利用风电电解水制氢，与捕集 CO_2 合成绿色甲醇。

成果：年捕集 CO_2 500 万吨，生产绿氢 10 万吨，甲醇产能达 80 万吨／年。

3. 美国 Wabash Valley 项目

技术路线：生物质气化 + CCUS + 碳交易。

创新点：开发高效生物质气化催化剂，CO_2 捕集成本降至 35 美元／吨。通过区块链技术实现碳信用额度实时交易。

成果：年封存 CO_2 120 万吨，获碳交易收益 2 400 万美元。

（三）关键技术突破

1. 多能互补系统优化

基于混合整数线性规划（MILP）的优化算法，可动态调配煤电、风电、光伏与 CCUS 装置的运行策略。华北电力大学开发的调度模型在克拉玛依项目中应用，使系统综合能效提升 15%，运行成本降低 22%。

2. 绿电驱动碳捕集技术

开发基于固体氧化物电解池（SOEC）的电化学捕集技术，利用低谷风电实现 CO_2 高效分离。中国科学院大连化物所的中试装置在 500℃下捕集效率达 98%，单位能耗较胺法降低 40%。

3. 地质封存与可再生能源协同

在枯竭油气藏封存 CO_2 的同时，利用地热资源发电。日本 NEDO 项目在北海道实现 CO_2 封存与地热发电一体化，发电效率提升 12%，封存成本降低 30%。

（四）挑战与应对策略

1. 技术经济性瓶颈

当前整合项目的投资回收期普遍超过 10 年，需通过规模化生产降低成本。建议建立“绿电 + 碳价”联动机制，将 CCUS 纳入可再生能源补贴范围，预计可使捕集成本下降 40%。

2. 系统复杂性增加

多能流耦合导致控制难度加大，需开发数字孪生驱动的智能调控平台。克拉玛依项目通过部署边缘计算节点，实现系统响应时间从 15 分钟缩短至 2 分钟。

3. 政策与市场机制缺失

缺乏跨行业碳交易规则，需完善中国《碳排放权交易管理暂行条例》，明确 CCUS 项目的碳信用核算标准。欧盟已试点将 CCUS 纳入 REPowerEU 计划，提供每千吨 CO_2 80 欧元的补贴。

（五）未来发展方向

1. 负排放技术突破

研发光催化 CO_2 还原与生物质发酵耦合技术，实现零能耗碳捕获。加利福尼亚州理工学院的实验室成果显示，该技术可将 CO_2 转化为液态燃料，能量转化效率达 35%。

2. 海洋封存与离岸风电结合

在海上风电平台部署小型化 CCUS 装置，捕集船舶排放 CO_2 并封存于海底玄武岩。英国 Equinor 公司计划在北海建设 CCUS 项目，年封存能力达 200 万吨。

3. 跨区域能源网络构建

依托“西气东输”“西电东送”通道，构建覆盖中国全境的“绿电－碳流”输送网络。新疆至长三角的跨区通道建成后，可实现年输送负碳电力 500 亿度。

结语

CCUS 与可再生能源的整合正在重塑能源与工业体系的未来。通过技术创新、政策支持与商业模式变革，这种整合模式将从试点示范走向规模化应用，为全球碳中和目标提供系统性解决方案。未来需进一步突破技术瓶颈，构建跨行业协同机制，使负排放能源系统成为经济高质量发展的新引擎。

第二节　CCUS 技术挑战

一、技术成本

在全球碳中和目标的驱动下，CCUS 技术被视为实现工业深度脱碳的关键路径。然而，其高昂的成本仍是阻碍规模化应用的核心瓶颈。根据国际能源署（IEA）数据，当前 CCUS 全流程成本为 60～150 美元 / 吨 CO_2，其中捕集环节成本占比高达 75%。这一经济门槛使多数企业在投资决策时望而却步，尤其在钢铁、水泥等利润微薄的传统行业，技术成本已成为制约 CCUS 商业化的首要因素。

（一）技术成本构成与分布

1. 捕集环节的成本主导

碳捕集技术的高成本源于其复杂的工艺要求与严苛的能耗限制。以胺法吸收为例，某 600MW 燃煤电厂的捕集系统需消耗全厂 30% 的发电量，导致单位捕集成本高达 80～120 美元 / 吨。不同排放场景下的成本差异显著。

高浓度点源（如天然气处理厂）：捕集成本为 10～30 美元 / 吨，得益于 CO_2 浓度高、预处理简单。

低浓度点源（如钢铁厂）：捕集成本攀升至 40～124 美元 / 吨，因烟气成分复杂、需多段净化。

新兴技术如膜分离和电化学捕集虽可降低能耗，但规模化制备成本仍居高不下。

2. 运输与封存的协同成本

CO_2 运输成本与距离强相关。管道运输在 100 公里内的经济性最优，成本为 5 ~8 美元 / 吨；但超过 300 公里后，液化运输的综合成本（含加压、储存）将升至 15 ~25 美元 / 吨。封存环节的成本主要集中于地质评估与长期监测，某咸水层封存项目数据显示，前期勘探费用占总成本的 40%，而每年监测运维费用占封存成本的 20%。

3. 全流程成本的动态变化

随着技术成熟度提升，捕集成本呈下降趋势。IEA 预测，到 2030 年胺法捕集成本可能降至 50 ~ 80 美元 / 吨，但封存环节的不确定性增加。若地质条件复杂或存在泄漏风险，封存成本可能反超捕集环节成本，形成"成本倒挂"现象。

（二）经济可行性挑战

1. 收入端的脆弱性

当前 CCUS 项目的主要收入来源是碳利用（CCU）与碳交易。在钢铁行业，CO_2 用于 EOR 的收入为 15 ~ 25 美元 / 吨，但受油价波动影响显著。2024 年国际油价下跌期间，某 EOR 项目收入骤降 40%，导致项目利润率从 12% 转为亏损。其他碳利用路径（如合成燃料、建材）因市场规模有限，难以形成稳定收益。

2. 投资回报周期漫长

CCUS 项目的平均投资回收期超过 10 年，远高于传统工业项目。某千万吨级燃煤电厂捕集装置总投资达 25 亿元，按碳价 80 元 / 吨计算，需运营 12 年才能覆盖成本。而钢铁行业的低利润率（平均 3% ~5%）进一步加剧了资金压力，导致企业更倾向于选择短期脱碳方案如氢能炼钢。

3. 政策支持的不可持续性

现有补贴政策（如美国"45Q"税收抵免、欧盟碳边境调节机制）虽能缓解成本压力，但存在政策退坡风险。某中东 CCUS 项目因政府补贴减少 20%，被迫暂停二期工程，暴露了 CCUS 项目对政策依赖的脆弱性。

（三）典型案例分析

1. 阿联酋 Al Reyadah 项目

成本结构：总投资 1.22 亿美元，捕集成本约 15 美元／吨（得益于政府补贴），但仅覆盖单座直接还原炉，全厂捕集率不足 25%。

挑战：钢铁厂多排放点源导致设备重复投资，捕集设施无法满足全厂需求，经济性难以复制。

启示：政府主导的单一项目难以解决行业共性问题，需结合技术创新与政策体系设计。

2. 美国 Denbury 公司

成本优势：依托本土丰富的天然 CO_2 资源（开采成本为 10～15 美元／吨），结合“45Q”税收抵免（最高 85 美元／吨），预计 2026 年实现盈利。

局限：技术路径依赖 EOR，受油价波动影响大，且天然 CO_2 资源不可再生，长期可持续性存疑。

启示：资源禀赋与政策环境是决定项目经济性的关键因素。

（四）成本优化路径与未来展望

1. 技术创新驱动降本

捕集技术：开发新型吸附剂（如金属有机框架材料），将捕集能耗降低 40%。

智能运维：部署数字孪生系统，减少设备故障率 30%，延长检修周期。

模块化设计：采用标准化组件，使设备制造成本下降 25%。

2. 商业模式创新

碳汇交易：探索封存 CO_2 的碳汇价值核算体系，将长期环境效益转化为即期收入。

多能互补：与可再生能源耦合，利用绿电降低捕集环节的碳排放强度，提升碳交易溢价。

3. 政策与市场机制完善

碳价传导机制：建立覆盖全产业链的碳定价体系，确保技术成本通过市场渠道消化。

风险共担基金：由政府、企业、金融机构共同出资，分担地质封存的长期监测与泄漏处置成本。

CCUS 技术成本的突破需要技术创新、政策支持与市场机制的协同发力。通过材料革新、工艺优化与商业模式重构，捕集成本有望在 2030 年前降至 50 美元／吨以下。未来需构建“技术研发－示范应用－商业化推广”的全链条支持体系，使 CCUS 从政策驱动的“成本中心”转变为市场主导的“价值创造单元”，为全球碳中和目标提供经济可行的解决方案。

二、能源消耗

在全球碳中和目标的驱动下，CCUS 技术被视为实现工业深度脱碳的关键路径。然而，其高能耗特性正成为制约技术推广的核心障碍。据国际能源署（IEA）测算，当前 CCUS 全流程能耗约占工业总能耗的 8%～12%，其中捕集环节能耗占比高达 60%～70%。这一能源消耗不仅推高了技术成本，更可能导致间接碳排放，形成“减排悖论”。

（一）能源消耗的技术根源

1. 捕集工艺的热力学限制

主流的燃烧后捕集技术（如胺法吸收）面临严苛的热力学矛盾：吸收

CO_2 需低温环境以提升效率，而解吸过程却依赖 100℃以上高温释放气体。某 600MW 燃煤电厂的捕集系统需消耗全厂 30% 发电量，导致单位捕集能耗达 2.8～3.2 MJ/kg CO_2。新型吸附剂（如金属有机框架材料）虽可降低能耗，但规模化制备过程仍需消耗大量电能。

2. 行业差异导致的能耗分化

不同排放场景的能耗特征显著不同。

煤化工行业：尾气 CO_2 浓度高达 80%～95%，采用低温甲醇洗工艺可实现低成本捕集，单位能耗仅为 0.8～1.2 MJ/kg CO_2。

燃煤电厂：烟气 CO_2 浓度 13%～18%，胺法捕集能耗是煤化工的 2.5 倍，且需额外能耗处理 SO_2、NOx 等杂质。

钢铁行业：转炉烟气 CO 浓度高，需先氧化为 CO_2 再捕集，综合能耗较电厂增加 40%。

3. 全流程能耗的链式效应

捕集环节的高能耗直接传导至运输与封存阶段。CO_2 压缩至超临界状态需消耗 0.3～0.5 MJ/kg 的能量，而长距离管道输送的压降补偿进一步增加能耗。封存环节的地质勘探与长期监测同样依赖能源支撑，某咸水层封存项目的监测系统年耗电量相当于 3000 户家庭的用电量。

（二）能源消耗对减排效益的抵消

1. 净捕集率的评估困境

现有技术评价体系侧重捕集量而非净减排量，导致部分项目陷入“高捕集、高排放”的陷阱。例如，某燃煤电厂捕集系统年捕集 CO_2 50 万吨，但自身能耗导致间接排放 20 万吨，净捕集率仅 60%。这种计算方式掩盖了技术的真实减排效能，需建立以“捕集量－自耗排放”为核心的净捕集率指标。

2. 能源结构的路径依赖

在煤炭占主导的能源体系中，CCUS 技术的能源消耗可能加剧化石能源依赖。我国某 CCUS 示范项目因采用燃煤蒸汽驱动捕集设备，导致单位 CO_2 捕集的煤耗量达 0.2 吨，形成“碳循环”中的隐性排放。

3. 生命周期评估的复杂性

从全生命周期视角看，CCUS 的减排效益受多种因素影响。某研究显示，若捕集环节使用绿电，净捕集率可提升至 90%，但当前仅 15% 的示范项目实现了绿电耦合。这表明能源结构的清洁化程度直接决定了 CCUS 的环境效益。

（三）技术突破路径与实践

1. 材料创新驱动能效革命

相变吸收剂：清华大学研发的温敏型离子液体，可在 40℃实现 CO_2 吸收，80℃完成解吸，能耗降低 40%。

钙基吸附剂：中国科学院过程工程研究所开发的纳米结构 CaO，循环稳定性提升至 100 次以上，捕集能耗降至 1.5 MJ/kg CO_2。

膜分离技术：天津大学团队设计的石墨烯复合膜，在 300℃下 CO_2 渗透率较传统膜提高 3 倍，单位能耗仅 0.6 MJ/kg CO_2。

2. 系统集成与多能互补

余热梯级利用：新疆克拉玛依煤电 CCUS 项目通过烟气余热回收，将捕集能耗从 3.2 MJ/kg 降至 2.1 MJ/kg。

绿电耦合系统：德国 Schwarze Pumpe 项目利用风电驱动电解水制氢，与 CO_2 捕集合成甲醇，系统净能耗降低 55%。

化学链燃烧：华中科技大学开发的氧载体材料，实现 CO_2 内分离，捕集能耗较胺法降低 60%。

3. 工艺优化与智能调控

动态负荷调节：华北电力大学开发的 AI 算法，根据电网负荷实时调整捕集系统运行参数，综合能效提升 18%。

模块化设计：挪威 Aker 公司的 Just Catch 系统通过标准化单元组合，减少设备启停能耗，年运行时间延长至 8500 小时。

数字孪生技术：中石化集团胜利油田利用虚拟模型优化注入参数，封存环节能耗降低 22%。

（四）政策与市场机制的协同作用

1. 建立净捕集率导向的评价体系

参照欧盟《CCUS 能效标准》，我国需制定以净捕集率为核心的技术认证制度。对净捕集率≥80% 的项目给予税收优惠，对使用绿电的捕集系统额外发放碳信用额度。

2. 构建能源－碳价联动机制

将 CCUS 能耗纳入地方能源双控考核，对使用绿电的项目在能耗指标上予以倾斜。同时，完善碳市场配额分配规则，对高能耗捕集技术实施惩罚性配额。

3. 推动多能互补基础设施建设

依托“西电东送”“北煤南运”通道，构建“绿电－碳流”协同网络。在风光资源富集区建设电制绿氢与 CCUS 一体化基地，通过跨区域能源调配降低捕集环节的化石能源依赖。

（五）未来展望

1. 颠覆性技术突破

光催化捕集：利用太阳能直接驱动 CO_2 还原，理论能耗可降至 0.3 MJ/kg CO_2。

生物合成路径：通过工程菌将 CO_2 转化为生物燃料，实现零能耗碳固定。

地下原位转化：在地质封存层利用微生物将 CO_2 转化为碳酸盐，同步降低能耗与泄漏风险。

2. 规模化应用的临界点

随着技术成熟度提升，捕集能耗呈指数级下降趋势。据测算，当全球捕集装置年产能突破 1000 万吨时，单位能耗可从当前的 2.8 MJ/kg 降至 1.2 MJ/kg，接近理论极限值。

3. 能源体系的重构机遇

CCUS 与可再生能源的深度整合将催生新型能源生态。通过捕集可再生能源发电过程中的隐含碳（如设备制造排放），可构建“负碳电力”系统，为交通、建筑等领域提供零碳能源解决方案。

CCUS 技术的能源消耗问题本质上是技术路径与能源结构的深层矛盾。通过材料革新、系统优化与政策引导，捕集能耗有望在 2030 年前降低 30% 以上。未来需构建“技术创新－能源转型－政策支持”的协同机制，使 CCUS 从能源消耗的“黑洞”转变为低碳发展的“引擎”，为全球碳中和目标提供可持续的技术支撑。

三、地质封存安全

在全球碳中和目标的驱动下，地质封存作为 CCUS 技术的终端环节，其安全性直接关系到技术的环境效益与社会接受度。尽管全球已建成 70 余个封存项目，累计封存 CO_2 超 8000 万吨，但储层密封性失效、CO_2 泄漏风险等问题仍未得到完全解决。据国际能源署（IEA）评估，若封存库发生 1% 的年泄漏率，将导致 CCUS 技术的净减排效益下降 30% 以上。因此，构建覆盖“注入－运移－长期封存”的全周期安全保障体系，已成为 CCUS 规模化应用的核心挑战。

（一）地质封存的核心安全风险

1. 储层与盖层的力学稳定性

CO_2 注入导致的孔隙压力升高可能诱发储层破裂与盖层变形。挪威

Sleipner 油田监测数据显示，注入井附近孔隙压力从 10MPa 升至 15MPa，引发盖层微裂缝扩展。数值模拟表明，当注入速率超过 10 万吨／天时，储层剪切应力将突破岩石强度阈值，导致渗透率不可逆增加。中国鄂尔多斯盆地实验发现，陆相泥岩盖层在高压 CO_2 作用下，其抗拉强度下降 18%，抗剪强度降低 22%，凸显了不同地质条件下的差异化风险特征。

2. CO_2 运移路径的不确定性

超临界 CO_2 在非均质性储层中的运移规律难以精准预测。美国 Weyburn－Midale 项目通过四维地震监测发现，CO_2 羽状体以 0.5m／天的速度向东北方向运移，与初始地质模型预测存在 15% 偏差。这种不确定性可能导致 CO_2 突破封存边界，威胁地下水资源。德国 Ketzin 试点研究表明，CO_2 在盐丘构造中的运移受溶蚀通道影响显著，其扩散速度较均质储层快 3 倍，进一步加剧了风险管控难度。

3. 化学腐蚀与地质化学反应

CO_2 与地层水反应生成碳酸，可能溶解储层矿物并改变渗透率。中国鄂尔多斯盆地实验表明，CO_2－水－砂岩体系在 90℃下反应 1 年后，孔隙度增加 2.3%，渗透率提升 18%。长期来看，这种变化可能形成新的运移通道，增加泄漏风险。加拿大阿尔伯塔省监测数据显示，CO_2 注入导致地层水 pH 从 7.2 降至 5.8，加速了金属套管的腐蚀速率，部分井段年腐蚀深度达 0.1mm。

4. 诱发地震与地表形变

高压注入 CO_2 可能触发断层活化。加拿大阿尔伯塔省监测到 CO_2 注入引发的微地震事件频率达 3 次／小时，最大震级达 3.8 级。地表 InSAR 监测显示，部分封存库上方出现 0.2m 抬升，可能破坏地表基础设施。挪威 Sleipner 油田的海底封存区因 CO_2 注入导致泥火山活动频率增加 20%，引发公众对甲烷泄漏的担忧。

（二）安全监测技术的突破与局限

1. 四维地震监测的精度提升

英国 BP 公司在 Alaska 项目中采用全波形反演技术，将 CO_2 羽状体监测精度从 10m 提升至 3m。该技术通过时移地震数据对比，可识别储层渗透率变化量 0.1mD 的微小差异，但成本高达 500 万美元／井。中国石化集团胜利油田开发的智能地震解释系统，通过深度学习算法优化，将解释效率提高 40%，但对低幅信号的识别能力仍受限于噪声干扰。

2. 光纤传感网络的分布式监测

美国二叠纪盆地部署的光纤分布式声波传感（DAS）系统，实现沿井筒 1m 空间分辨率的振动信号采集。该系统成功定位微地震震源，误差率小于 5%，但对低幅信号的识别能力仍受限于噪声干扰。中国鄂尔多斯盆地项目通过部署耐高温高压光纤光栅传感器，实现环空压力变化的毫秒级响应，为井筒完整性监测提供了技术支撑。

3. 地球化学指纹溯源的应用

$\delta^{13}C$ 同位素比值法可区分原生 CO_2 与注入 CO_2，检测精度达 ppm 级。在德国 Ketzin 试点中，该技术在注入井 5km 外检测到 CO_2 信号，证实了超临界 CO_2 的长距离运移能力，但无法准确定位泄漏点。中国科学院地质与地球物理研究所开发的多同位素联合示踪技术，结合流体包裹体分析，可实现泄漏源的精准定位，误差范围缩小至 ±100m。

4. 数字孪生技术的预测能力

挪威国家石油公司开发的 TwinStore 系统，通过物理模拟与数字仿真的交互映射，预测 CO_2 注入后 100 年的压力场变化，误差率小于 3%。然而，该模型对非均质性储层的适应性仍需验证。中国石化集团开发的封存库数字孪生平台，整合地震、测井、地质等多源数据，实现 CO_2 羽状体运移预测误差小于 5%，但在复杂构造区的预测精度仍有提升空间。

（三）典型案例的安全验证与教训

1. 挪威 Sleipner 油田（全球首个商业封存项目）

安全挑战：注入导致海底泥火山活动频率增加 20%，引发公众对甲烷泄漏的担忧。

应对措施：部署海底机器人定期巡检，开发 CO_2 泄漏应急响应系统。

经验总结：需建立海底封存库的动态监测标准，加强公众沟通与透明度建设。

2. 美国 Weyburn－Midale 项目（跨国合作示范）

安全挑战：注入 CO_2 与地层原油发生相态变化，导致储层压力异常波动。

应对措施：开发多相流数值模拟模型，动态调整注入速率。

经验总结：需针对不同封存场景制订个性化监测方案，避免技术方案的“一刀切”。

3. 中国鄂尔多斯盆地项目（陆相封存示范）

安全挑战：陆相泥岩盖层存在应力敏感特性，注入压力波动易引发微裂缝。

应对措施：采用分级注入策略，结合光纤监测实时调整压力参数。

经验总结：需加强陆相封存库的岩石力学研究，建立差异化的安全评价体系。

（四）安全风险防控的技术路径

1. 多场耦合数值模拟

开发 CO_2－水－岩－应力多物理场耦合模型，预测储层长期演化趋势。中国科学院地质与地球物理研究所的模型显示，在注入速率 10 万吨／天条件下，咸水层封存库的有效压力稳定期可达 500 年。该模型通过考虑矿物溶解－沉淀动力学过程，可量化 CO_2 运移对储层渗透率的长期影响。

2. 智能井筒完整性监测

研发耐高温高压的井下传感器阵列，实时监测套管腐蚀与水泥环失效。美国 Halliburton 公司的智能完井系统通过井下光纤光栅传感器，实现环空压力变化的毫秒级响应。中国石化胜利油田开发的井筒健康诊断系统，基于机器学习算法识别套管异常，预警准确率达 92%。

3. 泄漏应急处置技术

开发纳米颗粒封堵材料，可在 CO_2 泄漏通道中快速形成凝胶屏障。实验室测试表明，该材料在 80℃、10MPa 条件下的封堵率达 99.8%，为泄漏应急提供技术储备。加拿大阿尔伯塔省试点项目中，通过注入化学凝胶成功封堵了泄漏通道，避免了环境事故。

4. 负排放技术的安全性提升

探索碳酸盐化封存路径，将 CO_2 转化为稳定矿物。冰岛 CarbFix 项目通过将 CO_2 注入玄武岩，实现 95% 的 CO_2 在 2 年内矿化固定，从根本上消除泄漏风险。中国科学院广州能源研究所开发的 CO_2 矿化发电技术，在实现碳固定的同时产生电能，为负排放提供了新思路。

（五）政策与管理体系的完善

1. 安全标准与认证制度

制定全球统一的封存库安全标准，如 ISO 27914《二氧化碳的捕获、运输和地质封存——地质封存》。建立封存库认证制度，对符合安全要求的项目给予税收优惠或碳信用额度奖励。欧盟已试点将封存库运营方的责任期延长至 100 年，要求其预留年捕集量 10% 的资金作为应急储备。

2. 长期责任追溯机制

明确封存库运营方的长期责任，建立“污染者付费”原则下的泄漏处置基金。美国“45Q”税收抵免政策要求项目方在封存库关闭后继续承担

30 年的监测责任，确保长期安全性。

3. 公众参与与透明度建设

通过开放监测数据平台增强社会信任，如加拿大阿尔伯塔省的“CO_2 Atlas”网站实时公开封存库监测数据。开发公众可视化工具，提升社区对封存项目的认知度。中国鄂尔多斯盆地项目通过建立社区咨询委员会，有效化解了公众对地震风险的担忧。

（六）未来发展方向与挑战

1. 深海封存技术的探索

研究 CO_2 在深海沉积物中的封存机制，利用低温高压环境促进矿化反应。日本 NEDO 项目计划在南海海槽实施万吨级深海封存，需突破海底管道铺设与泄漏监测技术瓶颈。美国 DOE 资助的“深海封存联盟”正在开发水下机器人监测系统，实现泄漏源的精准定位。

2. 微生物强化封存

利用微生物加速 CO_2 矿化过程，缩短稳定化周期。美国西北太平洋国家实验室的研究表明，工程菌可将 CO_2 转化为碳酸盐的速率提升 5 倍，但需解决菌种在地下环境中的存活问题。中国科学院微生物研究所开发的耐高压菌株，在模拟地层条件下矿化率达 85%，为工业化应用奠定了基础。

3. 人工智能驱动的风险预警

构建基于深度学习的安全预警模型，通过分析微地震序列特征识别储层破裂前兆。在中国鄂尔多斯盆地项目中，AI 模型已实现提前 72 小时预警潜在泄漏风险，较传统方法响应时间缩短 60%。美国二叠纪盆地部署的边缘计算节点，实现监测数据的实时分析与决策，系统响应时间从 15 分钟降至 2 分钟。

地质封存的安全性是 CCUS 技术规模化应用的“生命线”。通过多学科技术融合与工程实践创新，监测体系正从单点离散监测向立体智能监测演进。未来需进一步突破深海封存、复杂构造监测等技术瓶颈，构建覆盖“注入－运移－长期封存”全周期的智能监管体系，为全球碳中和目标提供可靠技术保障。同时，需完善政策法规与市场机制，推动 CCUS 技术从“实验室”走向“产业化”，真正成为应对气候变化的关键解决方案。

四、社会接受度

在全球碳中和目标的驱动下，CCUS 技术被视为实现工业深度脱碳的关键路径。然而，其规模化推广面临复杂的社会阻力。国际能源署（IEA）调查显示，全球仅 35% 的公众对 CCUS 技术持积极态度，42% 的受访者表示“不了解”或“担忧潜在风险”。这种认知鸿沟与信任危机，已成为制约 CCUS 技术落地的核心挑战。

（一）社会接受度的多维困境

1. 公众认知的结构性缺失

国际调查显示，公众对 CCUS 的认知普遍停留在技术概念层面。在美国、中国、德国和日本的联合调研中，仅 18% 的受访者能准确描述地质封存原理，65% 的人认为“CO_2 地下封存可能污染地下水”。这种认知偏差源于信息不对称：多数公众通过媒体获取碎片化信息，而媒体报道往往聚焦技术风险而非环境效益。例如，挪威 Sleipner 油田的成功封存案例在媒体中的曝光率不足泄漏事件的 1/3，导致公众形成 CCUS“高风险、低收益”的刻板印象。

2. 风险感知的放大效应

公众对 CCUS 的风险感知呈现显著的“邻避效应”（NIMBY Syndrome）。荷兰莱顿大学研究表明，当封存库距离居民区不足 5 公里时，反对率从 22% 骤升至 68%。这种心理源于对未知技术的本能恐惧：高压 CO_2 泄漏可能引发火灾或窒息风险，而微地震监测数据的不透明性进一步加剧了恐慌。某欧洲封存项目因未及时公开注入压力数据，导致周边居民发起抗议，迫使项目暂停6个月。

3. 利益分配的公平性质疑

CCUS项目的成本与收益分配失衡引发社会争议。在加拿大阿尔伯塔省，某封存项目每年获得政府补贴1.2亿美元，但周边社区仅获得象征性补偿，导致居民不满提起诉讼。研究显示，若补偿金额低于项目收益的15%，社区支持率将下降40%。这种“地方担风险、企业获收益”的模式，直接削弱了技术的社会合法性。

（二）社会接受度的影响因素

1. 信任体系的脆弱性

公众对CCUS的信任度与其对政府、企业的信任密切相关。在英国，当政府承诺对泄漏事故承担无限责任时，公众支持率从41%升至67%。而美国某项目因隐瞒历史泄漏记录，导致企业信用评级下降3级，引发长期社会抵制。信任的重建需要透明化的信息披露机制，如挪威Equinor公司的“CCUS数字孪生平台”实时公开封存库数据，使周边居民支持率提升25%。

2. 文化认知的差异

不同文化背景下的风险认知存在显著差异。在集体主义文化主导的亚洲国家，公众更倾向于接受政府主导的CCUS项目，但对企业主导的项目持怀疑态度。例如，中国鄂尔多斯盆地项目通过政府公信力背书，使社区支持率达78%；而印度某私营企业项目因缺乏政府参与，社区支持率仅32%。这种文化差异要求技术推广策略必须本土化。

3. 经济预期的不确定性

CCUS项目的长期经济效益难以量化，导致公众对其持观望态度。在德国，当碳价突破100欧元/吨时，公众对CCUS的支持率从38%升至

55%，显示出经济激励的杠杆作用。然而，若缺乏稳定的碳价机制与补贴政策，技术的经济可行性将难以转化为社会认同。

（三）典型案例的经验教训

1. 挪威 Sleipner 油田（全球首个商业封存项目）

挑战：初期因未与社区充分沟通，导致居民抗议活动。

应对措施：建立“社区咨询委员会”，将 10% 的碳交易收益用于地方环保项目，并公开所有监测数据。

成效：支持率从 31% 升至 79%，成为全球首个获社区认证的 CCUS 项目。

2. 美国 Wabash Valley 项目

挑战：周边居民担忧 CO_2 泄漏影响农业生产。

应对措施：与农户签订长期补偿协议，承诺对作物减产提供全额赔偿，并邀请居民参与监测。

成效：项目运行 10 年无泄漏事故，成为美国公众接受度最高的封存库。

3. 中国鄂尔多斯盆地项目

挑战：陆相封存的地质复杂性引发技术质疑。

应对措施：联合中国科学院地质所开发“公众可视化平台”，通过虚拟现实技术展示 CO_2 运移路径。

成效：公众认知度从 12% 提升至 65%，项目获地方政府专项财政支持。

（四）提升社会接受度的路径

1. 构建多维度沟通体系

科学传播：开发科普动画与互动体验装置，如加拿大阿尔伯塔省的

“CO_2 奇幻之旅”科技馆，年接待观众超 50 万人次。

媒体合作：与主流媒体联合制作纪录片，如 BBC《碳封存：地球的自救实验》，覆盖全球 2000 万人次观众。

社区参与：建立“技术开放日”制度，邀请居民参观封存库，如挪威 Equinor 公司的“家庭体验计划”。

2. 完善利益共享机制

补偿模式创新：采用“碳收益共享基金”模式，将碳交易收益的 30% 定向分配给周边社区。

就业机会创造：某中东项目通过技能培训，使本地居民就业率提升至 75%，有效缓解了社会矛盾。

环境承诺绑定：要求企业将封存库监测数据与地方环境质量指标挂钩，如德国 Ketzin 项目的“零泄漏保证金”制度。

3. 强化政策与法律保障

透明立法：制定《CCUS 公众参与条例》，明确公众知情权与决策权。

风险共担机制：建立“国家－企业－社区”三级风险准备金，政府承担 50% 泄漏处置费用。

技术认证制度：推行“社会接受度认证”，对通过公众听证会的项目给予税收优惠。

（五）未来发展方向与挑战

1. 数字技术赋能公众参与

利用区块链技术实现碳足迹可追溯，增强公众对 CCUS 的信任。例如，英国 BP 公司开发的“碳链”平台，允许用户实时查询 CO_2 封存状态。

2. 文化适应性策略

针对不同文化背景设计差异化推广方案。在非洲，结合部落长老制度建立“社区碳理事会”；在东南亚，通过宗教领袖传递环保理念。

3. 教育体系革新

将 CCUS 纳入中小学课程，如日本文部科学省编写的《碳中和技术图鉴》，覆盖全国 80% 的初中课堂。

社会接受度是 CCUS 技术从实验室走向规模化的“最后一公里”。通过构建透明化沟通机制、创新利益共享模式、强化政策保障，技术的环境效益才能真正转化为社会认同。未来需将社会科学研究纳入技术发展框架，实现“技术理性”与“社会理性”的协同演进，为全球碳中和目标提供坚实的社会基础。

五、法规和政策环境

在全球碳中和目标的驱动下，CCUS 技术被视为实现工业深度脱碳的关键路径。然而，其规模化发展面临复杂的政策与法律挑战。国际能源署（IEA）研究表明，若缺乏稳定的政策支持，CCUS 在全球能源系统中的部署规模将不足预期的 40%。政策环境的不确定性已成为制约 CCUS 技术商业化的核心因素，尤其在法律责任界定、经济激励机制、国际标准协调等方面，仍存在显著制度性障碍。

（一）全球政策框架的现状与分歧

1. 国际气候协议的局限性

《巴黎协定》虽将 CCUS 纳入国家自主贡献（NDC）框架，但缺乏具体实施细则。目前仅 38% 的缔约国在 NDC 中明确提及 CCUS，且多集中于油气行业。例如，沙特阿拉伯计划通过 CCUS 实现 2030 年减排目标的 30%，但未明确封存库泄漏责任归属。这种政策模糊性导致跨国合作项目推进困难，某中东 – 欧洲联合封存计划因法律责任条款谈判破裂而搁置。

2. 各国政策的碎片化特征

不同国家的 CCUS 政策存在显著差异。

美国：依托“45Q”税收抵免政策，对地质封存提供最高 85 美元／吨的税收优惠，但覆盖范围仅限 2026 年前启动的项目。

欧盟：通过碳边境调节机制（CBAM）间接推动 CCUS，但成员国在补贴分配上存在争议。

中国：将 CCUS 纳入“十四五”规划，试点碳捕集纳入全国碳市场，但缺乏专项立法支撑。

这种碎片化政策导致技术投资呈现“政策套利”特征，某跨国能源公司为获取补贴，将研发中心从中国迁至美国，造成技术资源流失。

3. 国际标准的缺失

目前仅有少数国际标准，且缺乏强制约束力。不同国家的技术认证体系相互冲突，例如，欧盟要求封存库监测期 100 年，而中国当前标准仅为 30 年。这种差异增加了跨国项目的合规成本，某中欧联合项目因监测标准不统一，导致审批周期延长 18 个月。

（二）政策环境的核心挑战

1. 法律责任的模糊性

地质封存的长期责任界定是政策难点。美国《清洁空气法》将封存库运营方的责任期设定为 30 年，而英国《能源法》要求无限期责任。这种差异导致保险公司难以制定统一费率，某欧洲封存项目的年保费高达项目投资额的 8%，严重削弱经济性。

2. 经济激励的不可持续性

现有补贴政策存在退坡风险。例如，美国“45Q”税收抵免将于 2026 年到期，某页岩气公司因此搁置了价值 20 亿美元的 CCUS 投资计划。欧盟的“创新基金”虽提供资金支持，但申请周期长达 24 个月，导致中小企业难以获得及时资助。

3. 跨部门协调的复杂性

CCUS 涉及能源、环保、国土等多个部门，政策协同难度大。中国某省因环保部门要求封存库距离居民区 10 公里以上，而能源部门规划的封存库选址在 5 公里范围内，导致项目停滞 2 年。这种部门利益冲突凸显了顶层设计的必要性。

（三）典型案例的经验启示

1. 美国“45Q”税收抵免政策

成效：吸引投资超 200 亿美元，推动 Denbury 等公司实现 CCUS 商业化。

问题：覆盖范围有限（仅限地质封存），且对技术路径（如 DAC）缺乏支持。

启示：需扩大政策覆盖面，建立动态调整机制。

2. 欧盟“绿色协议”

创新点：将 CCUS 纳入“清洁氢能”认证体系，允许封存 CO_2 折抵碳配额。

挑战：成员国对补贴分配存在争议，匈牙利因不满资金流向德国而否决相关提案。

启示：需建立公平的利益分配机制，加强区域政策协调。

3. 中国“双碳”目标框架

进展：建成全球最大碳市场，覆盖 45 亿吨排放量，CCUS 纳入“十四五”规划七大示范工程。

不足：缺乏专项立法，碳捕集纳入市场的具体规则尚未明确。

启示：需加快 CCUS 立法进程，明确技术在碳市场中的定位。

（四）政策优化路径与建议

1. 构建全链条法律体系

立法先行：制定《CCUS 技术促进法》，明确各环节法律责任与监管主体。

标准统一：参照欧盟标准，制定中国封存库监测、泄漏处置等技术规范。

责任追溯：建立“污染者付费”原则下的泄漏处置基金，要求企业预留年捕集量 10% 的资金。

2. 完善经济激励机制

碳价传导：将 CCUS 纳入全国碳市场，允许企业通过捕集量抵消排放配额。

税收优惠：对 CCUS 项目实施“三免三减半”所得税政策，设备投资抵免增值税。

金融创新：发行“碳中和债券”，专项支持 CCUS 项目，某试点债券利率较普通债券低 1.5 个百分点。

3. 强化国际合作机制

技术共享：建立“一带一路”CCUS 技术联盟，推动中国标准国际化。

资金融通：设立“全球 CCUS 基金”，通过多边开发银行提供低息贷款。

争端解决：借鉴《联合国海洋法公约》，建立跨国封存库争议仲裁机制。

（五）未来发展方向与挑战

1. 政策工具的创新

数字治理：利用区块链技术实现碳足迹可追溯，为政策制定提供精准数据支持。

动态调整：建立“政策－技术－市场”联动机制，根据技术成熟度动态调整补贴力度。

2. 区域政策的协同

跨省协作：在中国京津冀、长三角等区域建立 CCUS 协同示范区，实现碳捕集与封存的跨区域调配。

跨境合作：推动中俄“远东碳走廊”建设，探索跨国封存库运营模式。

3. 公众参与的制度化

政策听证：将公众意见纳入 CCUS 项目审批流程。

信息公开：建立全国 CCUS 项目数据库，实时公开监测数据与政策执行情况。

法规和政策环境是 CCUS 技术发展的“制度基础设施”。通过构建全链条法律体系、完善经济激励机制、加强国际协调，技术的规模化应用才能获得可持续动力。未来需将政策创新与技术突破同步推进，使 CCUS 从“政策驱动”转向“市场主导”，为全球碳中和目标提供制度保障。

六、规模效应

在全球碳中和目标的驱动下，CCUS 技术被视为实现工业深度脱碳的关键路径。然而，其规模化发展面临严峻挑战。国际能源署（IEA）研究表明，当前全球 CCUS 项目年捕集能力不足 5 000 万吨，仅为 2030 年需求的 4%。这种小规模应用导致单位成本居高不下，捕集环节成本达 100～500 元／吨，运输与封存成本占比超 30%。规模效应缺失已成为制约 CCUS 技术经济性的核心障碍，亟须通过规模化部署实现技术迭代与成本下降。

（一）规模效应的技术经济逻辑

1. 基础设施的边际成本递减

CCUS 全链条成本呈现显著的规模经济性。以广东省为例，三家电厂若单独开展 CCUS，全流程成本约 600 元／吨；通过集群化发展共享运输与封存设施，年捕集量从 100 万吨提升至 300 万吨时，单位成本可降至 208 元／吨，降幅达 65%。这种成本下降源于管道运输的固定成本分摊与封存库的规模效应，如珠江口盆地的封存设施可服务周边多个工业集群，单吨封存成本较分散项目降低 40%。

2. 技术学习曲线的加速效应

规模化应用可显著缩短技术学习周期。泰州 50 万吨级煤电 CCUS 项目通过工艺优化，将捕集能耗降至 2.4 MJ/t，较早期项目降低 30%；新型三元复合胺吸收剂的研发使溶剂损耗减少 25%，设备寿命延长至 10 年以上。这种技术进步反过来推动成本下降，形成"规模扩张－技术迭代－成本降低"的良性循环。

3. 产业链协同的乘数效应

规模化部署可带动上下游产业协同发展。在广东，CCUS 集群化发展促进了管道制造、地质勘探、监测设备等配套产业的技术升级，某管道企业通过为集群项目提供定制化解决方案，其高压 CO_2 输送管材研发周期缩短 50%。这种协同效应进一步降低了全链条成本，形成产业生态的自我强化机制。

（二）规模化发展的核心挑战

1. 投资门槛与回报周期的矛盾

CCUS 项目的初始投资高与漫长回报周期形成尖锐矛盾。某百万吨级封存项目总投资达 15 亿元，按当前碳价 80 元／吨计算，需运营 18 年才能收回成本。这种财务压力导致企业更倾向于选择短期脱碳方案，如氢能炼钢，而非长期 CCUS 投资。

2. 技术路径的规模化适配性不足

现有技术多针对小规模场景设计，规模化后暴露出系统效率下降问题。某燃煤电厂捕集装置在产能提升至 100 万吨 / 年时，胺液循环泵故障率增加 2 倍，系统可用率从 92% 降至 85%。这种技术瓶颈凸显了模块化设计与智能调控的重要性。

3. 跨区域协同的制度性障碍

CCUS 规模化需突破行政区域限制，但现行政策框架难以支撑跨区域协作。例如，广东某 CCUS 集群因涉及 3 个地级市的环境审批，导致项目延期 2 年。这种碎片化管理模式与规模化需求严重脱节，亟须建立跨区域协调机制。

（三）典型案例的规模化启示

1. 广东 CCUS 集群化实践

模式创新：依托广佛肇 - 深莞惠等四大集群，共享运输管网与封存设施，实现年捕集量超 300 万吨 CO_2。

技术突破：开发近海离岸封存技术，利用中海油枯竭油气田，将封存成本降至 80 元 / 吨 CO_2。

政策协同：出台煤电气电容量电价政策，对配套 CCUS 的火电项目给予额外电价激励。

2. 国家能源集团泰州项目

技术指标：年捕集 CO_2 50 万吨，捕集率大于 90%，能耗 2.4 MJ/t，处于行业领先水平。

创新点：首创新型干法胺回收装置，较传统工艺降低电耗 10%；开发高纯度 CO_2 资源化利用路径，实现 100% 消纳。

示范价值：验证了煤电 CCUS 的技术可行性与经济合理性，为更大规模集群化发展提供技术储备。

3. 欧盟“北极光”项目

规模效应：年封存能力 150 万吨 CO_2，通过开放式基础设施吸引多行业参与，单位成本较单体项目降低 35%。

政策支持：欧盟创新基金提供 2.2 亿美元资助，碳边境调节机制（CBAM）为项目提供长期收益保障。

启示：政策激励与商业模式创新是规模化发展的关键驱动力。

（四）规模化发展的路径选择

1. 技术创新驱动规模化

模块化设计：开发标准化捕集单元，实现设备快速复制与产能扩张。某企业通过模块化改造，使捕集装置建设周期从 24 个月缩短至 12 个月。

智能运维系统：部署数字孪生平台，动态优化运行参数。华北电力大学开发的 AI 调度模型在广东集群应用中，使系统能效提升 18%。

负排放技术突破：研发光催化 CO_2 还原与生物质发酵耦合技术，加利福尼亚州理工学院实验室成果显示能量转化效率达 35%，为规模化负排放奠定了基础。

2. 产业集群化发展模式

多源捕集网络：整合火电、钢铁、化工等多行业排放源，形成区域级碳捕集枢纽。某长三角集群通过整合 10 家企业排放，年捕集量突破 500 万吨 CO_2。

共享基础设施：共建区域运输管网与封存库，降低单位运输成本。广东珠江口西岸集群通过共享管道，使运输成本从 35 元 / 吨降至 18 元/吨。

循环经济生态：构建“CO_2 捕集－绿氢生产－合成燃料”产业链，提升资源利用效率。

3. 政策与市场机制创新

碳价传导机制：将 CCUS 纳入全国碳市场，允许捕集量折抵排放配额。

研究表明，当碳价突破 350 元 / 吨时，煤电 CCUS 项目可实现盈亏平衡。

税收优惠政策：对规模化项目实施“三免三减半”所得税政策，设备投资抵免增值税。美国“45Q”税收抵免政策使 Denbury 公司项目成本降低 30%。

风险共担基金：由政府、企业、金融机构共同出资，分担地质封存长期监测成本。欧盟试点基金覆盖 CCUS 项目全生命周期成本的 20%。

（五）未来发展方向与挑战

1. 深海封存的规模化探索

技术突破：开发海底管道铺设与泄漏监测技术，日本 NEDO 项目计划在南海海槽实现年封存 200 万吨。

成本优化：利用深海低温高压环境促进 CO_2 矿化，冰岛 CarbFix 项目显示 95% 的 CO_2 可在 2 年内固定。

2. 数字化赋能规模化

数字孪生平台：构建全国 CCUS 集群数字孪生系统，实时优化资源配置。某试点平台使集群运行效率提升 25%。

区块链溯源：建立碳足迹可追溯系统，增强市场信任。英国 BP 公司“碳链”平台已实现 CO_2 从捕集到封存的全流程透明化。

3. 跨区域协同机制建设

跨省协作：推动京津冀、长三角等区域建立 CCUS 协同示范区，实现碳捕集与封存的跨区域调配。

国际合作：依托“一带一路”倡议，构建跨国 CCUS 集群，共享技术与基础设施。中俄“远东碳走廊”计划年输送负碳电力 500 亿度。

规模效应是 CCUS 技术突破成本瓶颈、实现商业化的关键路径。通过技术创新、集群化发展与政策支持，单位成本有望在 2030 年前下降 40% 以上。未来需构建“技术研发 - 集群示范 - 政策保障”的协同体系，使

CCUS 从分散试点转向规模化应用，为全球碳中和目标提供系统性解决方案。

七、可持续碳利用

在全球碳中和目标的驱动下，碳利用（CCU）作为 CCUS 技术链条的重要环节，被赋予双重使命：既要消纳捕集的 CO_2，又需创造经济价值以反哺技术成本。然而，当前 CCU 技术面临路径分散、效率低下、经济性不足等多重挑战。国际能源署（IEA）研究显示，全球 CO_2 利用率不足捕集量的 15%，且主要集中于强化石油开采（EOR）领域，真正实现“负碳循环”的可持续利用路径仍处于探索阶段。

（一）碳利用技术的现状与瓶颈

1. 技术路径的多样性与局限性

现有 CO_2 利用技术可分为三大类。

能源化利用：通过加氢合成甲醇、甲烷等燃料，但受限于 H_2 成本与工艺能耗。中国科学院大连化物所 10 万吨 / 年 CO_2 制甲醇项目显示，单位产品成本较传统工艺高 35%。

材料化利用：生产碳酸酯、建材等产品，技术成熟度较高但市场容量有限。包钢集团钢渣矿化项目年消纳 CO_2 仅 10 万吨，难以形成规模效应。

生物转化：利用微生物或藻类固定 CO_2，如福建农林大学开发的光合菌 - 产甲烷菌体系，虽实现光能驱动 CO_2 产甲烷，但中试规模不足千吨级。

2. 技术效率的提升困境

CO_2 分子的化学惰性导致活化难度大。传统热催化工艺需 300℃以上高温，能耗占成本的 40%；光催化技术虽降低反应温度，但量子效率普遍低于 10%。某跨国企业研发的纳米催化剂可将 CO_2 转化效率提升至 18%，但催化剂寿命仅 300 小时，离工业化要求差距显著。

3. 市场需求的结构性矛盾

高附加值产品（如精细化学品）需求有限，而大宗产品（如建材）利润微薄。欧盟测算显示，若 CO_2 制建材价格需低于传统产品 20% 才能形成竞争力，这要求捕集成本降至 30 欧元 / 吨以下，当前技术难以满足。

（二）经济可行性的核心挑战

1. 成本与收益的倒挂

碳利用环节的经济可行性高度依赖技术路径。以 EOR 为例，美国 Denbury 公司通过“45Q”税收抵免（85 美元 / 吨）实现盈利，但油价跌破 50 美元 / 桶时项目将面临亏损。其他路径如 CO_2 制甲醇，当碳价低于 150 元 / 吨时，生产成本将高于市场价格。

2. 商业模式的脆弱性

现有碳利用项目多依赖政府补贴或企业社会责任投资，缺乏可持续盈利模式。阿联酋 Al Reyadah 钢铁项目因碳利用收益仅覆盖 25% 成本，被迫暂停二期工程。中国某煤化工企业 CCUS 项目虽年捕集 CO_2 50 万吨，但因缺乏稳定客户，20% 的 CO_2 被迫放空。

3. 供应链的协同难题

CO_2 利用需与氢能、电力等产业深度耦合，但跨行业协作机制尚未建立。某长三角集群因绿氢供应不足，导致 CO_2 制合成燃料项目产能利用率仅 60%，单位成本增加 28%。

（三）典型案例的经验启示

1. 中国包钢集团钢渣矿化项目

技术突破：全球首套固废与 CO_2 矿化联产高纯碳酸钙装置，年消纳 CO_2 10 万吨。

挑战：产品市场容量有限，售价仅覆盖成本的 60%，依赖政府环保补贴维持运营。

启示：需拓展高附加值产品链，如开发医用碳酸钙等精细化学品。

2. 日本 NEDO 光催化项目

技术指标：量子效率达 15%，实现 CO_2 转化为甲烷的连续运行，但年处理 CO_2 量不足 500 吨。

创新点：采用半导体 – 微生物杂化体系，降低光腐蚀与细胞毒性。

启示：前沿技术需突破规模化瓶颈，建立“实验室 – 中试 – 产业化”的转化通道。

（四）可持续碳利用的路径选择

1. 技术创新驱动高值化

催化剂革新：开发单原子催化剂，如清华大学团队设计的 Pt 单原子催化剂，将 CO_2 加氢制甲醇选择性提升至 92%，能耗降低 30%。

工艺优化：中国科学院过程工程研究所开发的 CO_2 与环氧乙烷合成碳酸乙烯酯技术，实现常温常压反应，原子利用率 100%。

生物合成：福建农林大学构建的光合菌 – 产甲烷菌共培养体系，在模拟太阳光下 CO_2 转化率达 85%。

2. 产业协同构建生态闭环

多能互补模式：在风光资源富集区建设“绿电 – 绿氢 – 碳利用”一体化基地。

循环经济网络：整合钢铁、化工等多行业 CO_2 排放，构建区域级碳利用枢纽。某京津冀集群通过 CO_2 制建材、合成气等路径，年消纳量突破 200 万吨。

数字孪生优化：部署碳流管理平台，动态匹配 CO_2 供应与需求。

3. 政策与市场机制创新

碳价传导机制：将碳利用纳入全国碳市场，允许企业通过 CCUS 抵消排放配额。研究表明，当碳价突破 200 元 / 吨时，CO_2 制甲醇项目可实现盈亏平衡。

税收优惠政策：对高值化利用项目实施增值税即征即退，某试点企业因此降低税负 12%。

风险共担基金：由政府、企业、金融机构共同出资，分担技术研发与市场开拓风险。欧盟“创新基金”已资助 12 个 CCUS 项目，平均支持强度达总投资的 40%。

（五）未来发展方向与挑战

1. 颠覆性技术突破

量子点光催化：利用量子点材料将 CO_2 转化效率提升至 25% 以上，美国斯坦福大学实验室成果显示能量转换效率达 20%。

电化学合成：开发固体氧化物电解池（SOEC），在高温下将 CO_2 与水共电解为合成气，中国科学院上海硅酸盐研究所中试装置已实现 90% 转化率。

人工光合作用：模拟植物光合作用，将 CO_2 与水转化为葡萄糖等有机物，加利福尼亚州理工学院团队成功在实验室合成淀粉。

2. 规模化应用的临界点

随着技术成熟度提升，CO_2 利用成本呈指数级下降趋势。据测算，当全球年利用量突破 1 亿吨时，单位成本可从当前的 150 元 / 吨降至 80 元 / 吨，接近传统化石原料价格。

3. 全球产业链重构

国际标准制定：推动 CO_2 利用产品的碳足迹认证，如欧盟《清洁氢能认证》要求合成燃料必须包含 30% 的 CCUS 成分。

跨境贸易网络：依托“一带一路”构建跨国碳利用走廊，中俄“远东碳循环”计划年交换 CO_2 制产品达 500 万吨。

数字治理体系：利用区块链技术实现 CO_2 羽流的可追溯性，英国 BP 公司“碳链”平台已实现从捕集到利用的全流程透明化。

可持续碳利用是 CCUS 技术实现“负碳循环”的核心纽带。通过技术创新、产业协同与政策支持，CO_2 有望从“排放负担”转变为“工业原料”。未来需构建“技术研发 - 示范应用 - 市场推广”的全链条生态，使碳利用从政策驱动的“成本中心”转变为市场主导的“价值创造单元”，为全球碳中和目标提供物质循环解决方案。

第五章

投资与合作机会

第一节　投资 CCUS 技术的商业机会

在实现全球碳中和的进程中，CCUS 技术已从辅助性技术转变为关键减排手段，带动了众多创新商业模式的形成。综合考量技术发展水平、产业应用前景及政策扶持力度，全面评估各领域的投资价值与潜在挑战。

一、碳捕集获技术提供商

在全球能源结构加速转型的背景下，碳捕集技术作为 CCUS 产业链的核心环节，正经历从实验室走向规模化应用的关键阶段。根据国际能源署（IEA）预测，到 2050 年，全球碳捕集需求将达到 76 亿吨 / 年，占总减排量的 15%。下面从技术路径与市场细分、投资热点与商业模式创新和政策驱动与市场前景技术演进与竞争格局等方面，系统解析碳捕集技术提供商的商业机会。

（一）技术路径与市场细分

1. 燃烧后捕集：化学吸收法的规模化突破

作为当前最成熟的技术路线，燃烧后捕集通过胺类溶剂与烟气中的 CO_2 发生化学反应实现分离，适用于燃煤电厂、钢铁厂等高浓度排放场景。中国华能集团研发的“复合胺”技术通过分子结构优化，将再生能耗从传统 MEA 工艺的 3.2GJ/t CO_2 降至 1.9GJ/t CO_2，捕集成本下降 40%。该技术已在华能上海石洞口二厂 10 万吨 / 年项目中实现规模化应用，单套装置日处理烟气量达 1.6 亿立方米，相当于每年减少 8 万吨标煤消耗。

在钢铁行业，中冶南方公司开发的“超临界煤气发电技术”通过自动化控制优化燃烧工况，将高炉尾气发电效率从 26% 提升至 44.4%，同步实现 CO_2 捕集率 35%。该技术在广西盛隆冶金应用后，单厂年减排 CO_2 达 120 万吨，相当于减少 40 万吨标煤燃烧。目前国内已有超过 20 家钢铁企业采用该技术，形成年捕集能力 500 万吨。

2. 燃烧前捕集：煤化工领域的技术突围

煤气化联合循环（IGCC）技术通过将煤炭转化为合成气，在燃烧前分离 CO_2，特别适用于煤化工行业。尽管美国 Kemper 项目因成本超支终止，但国内企业通过技术迭代实现突破。国家能源集团宁夏煤业 400 万吨 / 年煤炭间接液化项目，采用自主研发的高效变换催化剂，将 CO_2 捕集率提升至 92%，配套建设的 50 万吨 / 年捕集装置已稳定运行三年，年减排量相当于 100 万吨标煤燃烧产生的 CO_2。

在技术经济性方面，国内 IGCC 捕集成本已降至 180 元 / 吨，较 2015 年下降 60%。大唐集团与清华大学合作开发的“多联产系统”，将煤气化产生的 CO_2 直接用于生产尿素，实现捕集成本与产品收益的平衡，单吨尿素生产成本降低 15%。

3. 直接空气捕获（DAC）：从实验室到商业化的跨越

作为最具颠覆性的技术路径，DAC 通过吸附材料从大气中直接捕集 CO_2。瑞士 Climeworks 公司已建成全球首座商业化工厂，通过液体吸附法将成本从 600 美元 / 吨降至 200 美元 / 吨，并计划 2030 年突破 100 美元/吨。GE Vernova 在 2024 年进博会上展示的模块化 DAC 装置，通过固态吸附材料实现日捕集量从 1 公斤到 10 吨的跨越，验证了规模化可行性。

国内企业也在加速布局。中国石化集团联合中国科学院大连化物所开发的“纳米纤维吸附剂”，将 CO_2 吸附容量提升至 3.5mmol/g，捕集能耗降至 2.2GJ/t CO_2。2025 年建成的鄂尔多斯 10 万吨 / 年 DAC 项目，将采用该技术并配套光伏供电，实现零碳捕集。

（二）投资热点与商业模式创新

1. 模块化设备：开启中小型市场大门

集装箱式捕集装置的研发成为行业趋势。美国 KBR 公司推出的“K-PURE”系统，集成胺法捕集核心设备，可在 6 个月内完成部署，适用于 5 万~50 万吨/年的中小型项目。该系统已在泰国 PTT 集团的天然气处理厂应用，捕集成本较传统方案低 30%。

国内企业同样积极创新。远达环保开发的“智慧碳捕集方舱”，通过 AI 算法优化溶剂再生参数，实现装置整体能效提升 25%。该产品已中标国内 12 个电厂改造项目，累计订单金额超 8 亿元。

2. 碳捕集即服务（CCaaS）：轻资产模式的崛起

挪威 Aker Carbon Capture 推出的只需捕获模式，为客户提供“设备租赁+运营维护+碳信用销售”的全链条服务，按捕获量收取 50~80 欧元/吨费用。该模式已签约欧洲 10 家化工企业，锁定未来 10 年 1500 万吨捕集需求。

在中国，华能集团碳资产公司推出“碳管家”服务，针对钢铁、水泥企业提供定制化捕集方案。河北某钢厂通过该服务，在不改造现有产线的前提下，实现年捕集 CO_2 20 万吨，成本较自建装置低 40%。

（三）政策驱动与市场前景

1. 税收激励政策的乘数效应

中国《“十四五”工业绿色发展规划》明确对碳捕集技术研发给予 30% 税收抵免，叠加地方政府专项补贴，使企业研发投入回报率提升 15~20 个百分点。例如，上海石洞口二厂捕集项目通过税收优惠，设备折旧周期从 10 年缩短至 6 年，IRR 提高至 12%。

美国《通胀削减法案》将 DAC 税收抵免提高至 180 美元/吨，刺激企业加速技术布局。美国 Occidental 公司计划投资 35 亿美元建设 DAC 集群，年捕集能力达 500 万吨，其收益的 60% 来自税收抵免。

2. 技术标准与认证体系的完善

国际标准化组织（ISO）发布的标准，为跨国项目招标提供统一依据。中国石化集团参照该标准，将胺法捕集装置的能耗指标纳入国际招标文件，中标中东某电厂项目，合同金额达 2.3 亿美元。截至 2024 年年底，全国已有 37 个捕集项目通过该标准认证，总捕集能力超 800 万吨／年。

（四）技术演进与竞争格局

1. 三代技术的迭代升级

第一代技术（2010—2015 年）：以 MEA 溶剂为核心，捕集能耗 3.2 ~ 3.8GJ/t CO_2，成本 120 ~ 150 美元／吨。

第二代技术（2016—2020 年）：通过复配胺溶剂优化，能耗降至 2.6 ~ 3.0GJ/t CO_2，成本 80 ~ 100 美元／吨。

第三代技术（2021 年至今）：相变溶剂、固态吸附等创新，能耗突破 2.0GJ/t CO_2，成本压缩至 50 ~ 70 美元／吨。

目前全球共有 127 项三代技术处于中试阶段，其中中国占比 38%，主要集中在华能集团、中石化集团等企业。

2. 专利布局

跨国企业加速全球专利布局。壳牌公司、雪佛龙公司在华申请专利占比达 45%，重点覆盖吸附材料、模块化工艺等领域。中国企业则强化国内专利保护，国家能源集团已申请煤的气化与净化部分和燃气—蒸汽联合循环发电（IGCC）相关专利 237 项，形成技术“护城河”。

在国际竞争中，中国企业凭借成本优势快速崛起。华能集团的复合胺技术在东南亚市场占有率达 62%，单吨捕集成本较欧美企业低 35%。

3. 未来展望

随着全球碳价持续攀升（欧盟碳价突破 100 欧元／吨），碳捕集技术提供商正迎来黄金发展期。预计到 2030 年，全球碳捕集设备市场规模将达 2000 亿美元，年复合增长率 28%。企业需重点关注以下方向。

新型吸附材料：金属有机框架（MOFs）、纳米纤维等材料的研发，目标将捕集能耗降至 1.5GJ/t CO_2 以下。

多技术耦合：将碳捕集与氢能、生物质能结合，形成“捕集－转化－利用”一体化解决方案。

数字化运维：通过 AI 算法优化溶剂再生周期，降低设备故障率 30% 以上。

在政策与市场的双重驱动下，碳捕集技术提供商将成为碳中和赛道的核心玩家，为全球能源转型提供关键技术支撑。

二、碳封存项目运营商

在 CCUS 产业链中，碳封存作为实现净零排放的终极环节，其商业化进程直接影响技术的整体经济性。国际能源署数据显示，全球已探明的地质封存潜力达 2 万亿吨，相当于当前年排放量的 5 倍。下面从商业模式与地理布局、运营模式创新风险与应对策略、新兴机会与市场拓展、技术演进与竞争格局五个方面，系统解析碳封存项目运营商的商业机会。

（一）商业模式与地理布局

1. 地质封存：规模化应用的核心战场

地质封存主要依托枯竭油气田、咸水层等天然地质结构，利用其高孔隙度和低渗透性特征实现二氧化碳的长期稳定储存。中海油集团恩平 15－1 油田项目通过 CO_2 驱油技术，将封存净成本压缩至 20 美元／吨，累计封存超 50 万吨。该模式在提升原油采收率 3%～5% 的同时，实现封存收益与石油增产的双重盈利，为传统油气企业转型提供了可行路径。

全球封存资源呈现区域集中特征：

中东地区：沙特阿拉伯、阿联酋等国依托丰富的油气田资源，计划

2030 年前建成 10 个封存枢纽，CO_2 年封存能力达 3000 万吨。

东南亚地区：印度尼西亚最新政策开放 30% 封存容量给外资，吸引 BP、埃克森美孚公司布局，预计 2030 年前建成 15 个封存枢纽，CO_2 年处理能力超 2 000 万吨。

欧洲北海：挪威 Northern Lights（北极光）项目通过管道网络收集欧洲工业 CO_2，船运至北海咸水层封存，CO_2 年处理能力 150 万吨，服务覆盖德国、荷兰等 6 国。

2. 矿化封存：技术突破催生新赛道

矿化封存通过化学反应将 CO_2 转化为稳定的碳酸盐矿物，具有永久固碳的优势。冰岛 CarbFix 项目将 CO_2 注入玄武岩地层，利用矿物碳酸化反应实现封存成本 25 美元／吨，封存效率提升 3 倍。国内京博集团开发的钢渣固碳技术，通过 CO_2 矿化生产人造骨料，单吨材料固碳 0.3 ~0.5 吨，已建成山东万吨级示范项目，产品用于高铁基建工程。

技术创新推动矿化封存多元化发展：

微生物矿化：太原理工大学团队发现，深部地层微生物可通过代谢活动加速 CO_2 矿化，将封存周期从千年级缩短至百年级。

工业废渣利用：中国宝武集团开发的转炉钢渣碳酸化技术，年处理钢渣 50 万吨，固碳效率达 85%，同步生产建筑骨料。

（二）运营模式创新

1. 独立封存库：打造区域碳汇中心

挪威 Northern Lights 项目采用“容量预订 + 按吨收费”模式，向欧洲工业客户提供 80 美元／吨的封存服务。该项目通过管道网络连接荷兰鹿特丹、德国鲁尔区等工业密集区，形成“捕集 - 运输 - 封存”一体化产业链。目前已签约 10 家跨国企业，锁定未来 10 年 1 500 万吨封存需求，成为欧洲最大的跨境封存枢纽。

国内首个商业化封存库 —— 新疆准噶尔盆地封存中心，由中石油与

BP 合资建设，年封存能力 300 万吨。采用“政府授权 + 市场化运营”模式，向西北煤化工企业提供封存服务，收费标准参考欧盟碳价动态调整。

2. 驱油封存一体化：传统能源的价值延伸

中石油集团大庆油田通过 CO_2 驱油技术，在提高采收率的同时实现封存收益。该模式下，封存成本通过石油增产收益抵消，净成本仅为 20 美元／吨。截至 2024 年年底，大庆油田累计封存 CO_2 800 万吨，增产原油 200 万吨，创造综合效益超 50 亿元。

同时，技术升级推动驱油封存规模化。

精准注入技术：利用纳米示踪剂监测 CO_2 运移路径，将驱油效率从 25% 提升至 40%。

智能调控系统：华为集团与中石油集团合作开发的 AI 优化平台，动态调整注入参数，降低能耗 15%。

（三）风险与应对策略

1. 长期责任转移机制

加拿大阿尔伯塔省推行“20 年责任期 + 政府接管”模式，要求运营商在运营期内承担泄漏治理责任，20 年后由政府接手长期监测。该政策使项目融资成本下降 2 个百分点，吸引雪佛龙公司、壳牌公司等企业投资。

国内首个封存责任保险试点 —— 内蒙古鄂尔多斯项目，由人保财险承保泄漏责任险，保额 5 亿元，覆盖运营期 30 年风险。通过“企业投保 + 政府补贴”模式，将保费率从 3% 降至 1.2%。

2. 智能监测技术突破

华为集团与中石油集团合作部署的分布式光纤监测系统，在 500 公里封存管道上实现泄漏定位精度 ±1 米，预警响应时间缩短至 15 分钟。该系统通过 AI 算法分析声波信号，误报率低于 0.5%，已应用于长庆油田封存项目。

卫星遥感技术成为监测新手段：加拿大 GHGSat 公司的卫星可探测 1 公里范围内的 CO_2 泄漏，数据服务年费 100 万美元。英国 Storegga 公司将卫星数据与地面监测结合，构建“空天地一体化”预警网络。

（四）新兴机会与市场拓展

1. 碳封存保险产品创新

慕尼黑再保险推出的“封存综合险”，覆盖泄漏治理、第三方损失等风险，保费率为 0.5% ~1.5%。德国巴斯夫集团通过投保该险种，将封存项目的融资成本降低 1.8 个百分点。

英国 Storegga 公司开发的“封存收益险”，承保碳价波动导致的收益损失。该产品结合区块链技术，实时追踪封存量数据，赔付准确率达 95%。

2. 封存权交易市场崛起

加拿大阿尔伯塔省建立的封存权交易平台，允许企业买卖地下空间使用权。壳牌公司以 2 亿加元购入 2 亿吨封存配额，用于抵消其油砂项目碳排放。该平台采用“拍卖 + 协议转让”机制，2024 年交易额突破 10 亿加元。

中国首个省级封存权交易中心 —— 山东碳排放权交易中心，2025 年启动运营。企业可通过该平台购买胜利油田、渤海湾封存容量，交易价格参照欧盟碳价浮动。

（五）技术演进与竞争格局

1. 封存技术三代演进

第一代技术（2010—2015 年）：以枯竭油气田封存为主，成本 40 ~60 美元／吨，监测精度 ±10 米。

第二代技术（2016—2020 年）：咸水层封存规模化，成本降至 25 ~40 美元／吨，引入光纤监测技术。

第三代技术（2021 年至今）：矿化封存、微生物封存等创新，成本突破 20 美元／吨，实现永久固碳。

目前全球共有 73 个三代封存项目处于建设中，其中中国占比 42%，主要集中在中石油集团、中海油集团等央企。

2. 专利布局

跨国企业强化技术垄断：雪佛龙公司、壳牌公司在华申请封存专利占比达 58%，重点覆盖监测技术、注入工艺等领域。中国企业则通过工程实践积累经验，中石油已形成 200 余项封存相关专利，其中 CO_2 驱油技术达到国际领先水平。

在国际竞争中，中国运营商凭借成本优势快速扩张。中石化新星公司中标中东某 500 万吨／年封存项目，报价较欧美企业低 35%，成功进入全球市场。

3. 未来展望

随着全球碳价持续攀升（欧盟碳价突破 100 欧元／吨），碳封存项目运营商正迎来发展黄金期。预计到 2030 年，全球封存市场规模将达 1500 亿美元，年复合增长率 32%。企业需重点关注以下方向：

多技术耦合封存：将地质封存与氢能、生物质能结合，形成“封存－转化－利用”闭环。

数字化运营平台：通过数字孪生技术模拟封存过程，提升资源利用率 30% 以上。

跨境封存网络：构建跨国封存走廊，如“一带一路”封存枢纽，实现资源优化配置。

在政策与市场的双重驱动下，碳封存项目运营商将成为碳中和战略的核心实施主体，为全球气候治理提供关键基础设施支撑。

三、碳利用技术开发商

在 CCUS 产业链中，碳利用技术开发商通过将二氧化碳转化为高附加值产品，构建起“减排 - 增值”的商业闭环。国际能源署预测，到 2050 年，全球碳利用市场规模将达 5000 亿美元，占 CCUS 产业总值的 35%。

（一）高附加值产品矩阵

1. 化学品与材料：绿色制造的新范式

CO_2 基聚碳酸酯：德国科思创公司开发的催化共聚技术，通过二氧化碳与环氧丙烷反应生产聚碳酸酯，替代传统光气工艺，每吨产品减少 1.8 吨 CO_2 排放。该技术已应用于汽车轻量化部件制造，其产品抗冲击强度较传统材料提升 20%，成功进入特斯拉公司供应链。

石墨烯合成技术：澳大利亚 Hazer 集团利用 CO_2 与沼气合成石墨烯，成本较传统方法低 30%。该技术通过控制等离子体反应参数，实现单层石墨烯纯度 99.5%，已获特斯拉公司电池材料订单。2025 年建成的 500 吨 / 年工厂，将消耗 1.2 万吨 CO_2，创造年产值 2.5 亿美元。

生物基可降解塑料：中国江苏中科金龙公司开发的二氧化碳树脂技术，通过环氧丙烷与 CO_2 共聚生产 PPC 树脂，已建成 2.2 万吨 / 年生产线。产品应用于医用包装材料，生物降解率达 95%，较传统 PE 塑料碳排放强度降低 60%。

2. 合成燃料：能源转型的战略支点

CO_2 制航空煤油：美国 Twelve 公司开发的电解 CO_2 技术，通过固态氧化物电解池将 CO_2 与水转化为合成气，再经费托合成生产航空煤油。该技术获阿拉斯加航空公司 10 万吨订单，碳排放强度较传统燃料降低 80%，2025 年产能将达 50 万吨。

CO_2 制甲醇（e - methanol）：马士基与 Ørsted 合作开发的绿氢耦合项目，利用风电电解水制氢，与 CO_2 合成甲醇。2030 年产能目标 100 万吨，满足 IMO 2050 年航运减排要求。该技术在鹿特丹港示范项目中，实现甲醇生产成本与传统燃料平价。

3. 建筑材料：固碳与性能的双重突破

CO_2 养护混凝土：加拿大 CarbonCure 技术通过在混凝土搅拌阶段注入 CO_2，加速矿化反应，使强度提升 10%，收缩率降低 15%。该技术已应用于上海中心大厦等标志性工程，单立方米混凝土固碳量达 35 千克，施工周期缩短 7 天。

钢渣固碳骨料：美国蓝色行星系统（Blue Planet Systems）利用 CO_2 矿化钢渣生产人造骨料，替代天然砂石。每吨材料固碳 1.2 吨，抗压强度达 C60 标准，已用于加州高铁建设。该技术在京博公司万吨级示范项目中，实现钢渣利用率 98%，CO_2 矿化率 85%。

（二）技术突破与商业化路径

1. 低成本工艺创新

京博公司开发的碳矿化建材技术，通过模拟天然石材形成过程，直接利用工业尾气（CO_2 浓度≥10%）生产固碳建材。该技术无须提浓捕集，每吨材料固碳 0.3 ~0.5 吨，成本较传统工艺低 40%。2022 年建成的山东示范项目，年处理固废 50 万吨，减排 CO_2 15 万吨，投资回收期仅 2.8 年。

2. 多技术耦合应用

中国石化集团开发的“CO_2 – 绿氢 – 甲醇”一体化技术，将燃煤电厂捕集的 CO_2 与风电制氢结合，生产绿色甲醇。该技术在齐鲁石化百万吨级项目中，实现甲醇生产成本 2800 元 / 吨，较煤制甲醇碳排放强度降低 75%。

3. 标准化体系构建

国际标准化组织（ISO）正推进《CO_2 基材料碳足迹核算》标准制定，预计 2026 年发布。该标准将统一产品碳足迹计算方法，打通跨境贸易通道。中国宝武集团参照该标准，已完成 12 类碳基材料的碳足迹认证，产品出口欧盟享受碳关税豁免。

（三）市场壁垒与应对策略

1. 成本竞争力突破

当前 CO_2 基塑料成本约 1.8 万元／吨，需降至 1.2 万元／吨以下才能与传统 PE 竞争。企业通过以下路径实现成本优化。

规模化生产：京博公司计划 2027 年前建成 50 个生产基地，年处理 CO_2 2500 万吨，单位成本下降 45%。

副产品收益：科思创公司将生产过程中产生的副产物丙二醇出售给化妆品行业，增加收入 20%。

2. 政策与市场协同

中国工业和信息化部、科技部、自然资源部三部门联合发布的《“十四五”原材料工业发展规划》对碳基材料给予 30% 增值税返还，叠加地方政府补贴，使企业利润率提升 12 个百分点。美国《通胀削减法案》对电制燃料提供 5 美元／升税收抵免，刺激 Twelve 公司加速技术商业化。

（四）技术演进与竞争格局

1. 三代技术迭代路径

第一代技术（2010—2015 年）：以 CO_2－EOR 为主，产品附加值低，固碳成本 80～120 美元／吨。

第二代技术（2016—2020 年）：开发 CO_2 基聚合物，固碳成本 50～80 美元／吨，产品应用于包装领域。

第三代技术（2021 年至今）：生物合成、纳米材料等创新，固碳成本突破 30 美元／吨，产品进入高端制造领域。

目前全球共有 98 项三代技术处于中试阶段，其中中国占比 41%，主要集中在京博公司、中科金龙公司等企业。

2. 专利布局

跨国企业强化核心专利保护：科思创公司在华申请 CO_2 基材料专利占

比达 62%，重点覆盖催化剂配方、聚合工艺等领域。中国企业则通过工程实践积累经验，京博公司已形成 150 余项专利，其中矿化反应调控技术达到国际领先水平。

3. 未来展望

随着全球碳价持续攀升（欧盟碳价突破 100 欧元／吨），碳利用技术开发商正迎来黄金发展期。预计到 2030 年，全球碳利用市场规模将达 5000 亿美元，年复合增长率 35%。企业需重点关注以下方向。

生物合成技术：利用工程菌将 CO_2 转化为 PHA 等生物基材料，目标是固碳成本降至 20 美元／吨。

氢能耦合路径：开发“绿氢 + CO_2”合成燃料，构建“零碳能源 - 材料”闭环。

数字化研发平台：通过分子模拟技术加速催化剂筛选，将研发周期缩短 50%。

在政策与市场的双重驱动下，碳利用技术开发商将成为碳中和赛道的价值创造者，为全球工业体系绿色转型提供关键技术支撑。

四、CCUS 项目咨询和工程服务

在 CCUS 产业生态中，项目咨询与工程服务作为连接技术研发与商业化落地的关键纽带，正加速构建全周期服务体系。根据麦肯锡预测，到 2030 年，全球 CCUS 工程服务市场规模将突破 800 亿美元，年复合增长率达 27%。

（一）全周期服务链的价值重构

1. 前端咨询：数据驱动的战略决策

区域枢纽布局优化：英国 Pale Blue Dot 公司开发的 GIS（地理信息系统）匹配系统，通过卫星遥感与地质建模技术，为苏格兰 Acorn 项目优化管网布局，减少跨区域运输成本 15%。该系统集成卫星数据（Landsat）与高程模型（Aster），精准评估地质封存潜力，已应用于欧洲北海 5 个跨境封存项目。

政策合规服务创新：德勤公司为陶氏化学公司提供的碳税豁免方案，通过欧盟 CBAM 机制合规性设计，年节省成本 1.2 亿欧元。其方法论包含三阶段评估：排放强度核算、技术路径优化、碳信用认证，已形成标准化服务模块，覆盖钢铁、化工等六大行业。

2. 工程总包（EPC）：技术集成与成本控制

标准化模块交付：中国石化工程建设公司（SEI）推出的胺法捕集标准模块，将建设周期从 24 个月压缩至 12 个月，成本降低 35%。该模块化设计已应用于国内 70% 火电 CCUS 项目，单套装置年捕集能力达 50 万吨，支撑华能石洞口二厂等标杆项目建设。

跨行业协同创新：华能集团与宝钢集团合作的 CO_2 管道联运项目，通过跨行业技术整合，实现钢铁尾气捕集与电厂封存的协同运营。该模式下，CO_2 运输成本降低 40%，项目 IRR 提升至 15%，成为国内首个“钢－电－碳”全链条示范工程。

3. 后期运维：数字化转型赋能

预测性维护体系：西门子 MindSphere 数字孪生平台通过 AI 算法，将设备故障率降低 30%。在德国 Schwarze Pumpe 电厂项目中，该平台实时监测胺法捕集装置运行状态，提前 72 小时预警再生塔堵塞风险，避免停机损失超 200 万欧元。

SaaS 化运维服务：挪威 Cognite 公司提供的设备节点监测服务，按单节点 5 000 美元／年收费，覆盖全球 200 余个项目。其数据中台集成 SCADA、物联网传感器等多源数据，实现封存管道泄漏定位精度 ±1 米，预警响应时间缩短至 15 分钟。

（二）头部企业的差异化竞争

1. 战略咨询服务商

埃森哲公司为英国石油公司（BP）、壳牌公司等能源巨头提供的CCUS 战略规划服务，收费模式为项目投资额的 3% ~5%。其服务框架包含以下几方面。

技术路径比选：基于 LCOE 模型评估不同捕集技术经济性。

政策风险对冲：设计碳价波动应对方案。

产业链协同设计：构建“捕集－运输－封存－利用”价值网络。该模式已帮助客户在北美、欧洲布局 12 个百万吨级项目。

2. 工程总承包商

中国寰球工程公司承接国内 80% 驱油封存项目设计，毛利率达 25%。其技术优势包括以下几方面。

高效驱油配方：自主研发的 CO_2 驱油复合表面活性剂，提高采收率5% ~8%。

智能调控系统：华为集团合作开发的注入参数优化平台，降低能耗15%，典型项目如长庆油田 100 万吨／年封存工程，通过精准注气实现封存净成本 20 美元／吨。

（三）新兴机会与价值延伸

1. 数字化工程平台

中国华能牵头组建的央企 CCUS 创新联合体，整合 26 家企业资源，开发全产业链数字孪生平台。该平台实现：

跨地域协同设计：北京研发中心与新疆封存现场实时数据交互。

成本动态优化：通过 BIM（建筑信息模型）模拟不同施工方案，节省投资 12%。

标准体系共建：制定《CCUS 工程技术规范》等 18 项团体标准。

2. 碳资产增值服务

德勤公司推出的“碳资产管家”服务，通过碳信用认证与交易实现项目收益提升。其操作路径为：

减排量核算：参照 ISO 27914 标准量化封存成效。

市场渠道对接：链接欧盟、中国等六大碳市场。

金融工具创新：设计碳信用远期合约对冲价格风险，该服务已帮助某煤化工项目年增收碳信用收益 3 000 万元。

（四）技术演进与竞争格局

1. 服务能力三代升级

第一代服务（2010—2015 年）：以单一技术咨询为主，服务周期长，成本占比高。

第二代服务（2016—2020 年）：模块化交付 + 数字化运维，成本下降 30%。

第三代服务（2021 年至今）：全链条集成 + 数据智能，服务效率提升 50%。

目前全球共有 32 家企业具备第三代服务能力，其中中国企业占比 47%，主要集中在 SEI、寰球工程等央企。

2. 专利布局

跨国工程公司强化核心技术保护：福陆公司、KBR 公司在华申请专利占比达 55%，重点覆盖 CO_2 运输管材、封存监测算法等领域。中国企业则通过工程实践积累技能，中国石化集团已形成 200 余项 CCUS 工程专利，其中胺法捕集工艺达到国际领先水平。

3. 未来展望

随着全球 CCUS 项目加速落地，工程服务企业正从单一服务商向价值共创者转型。预计到 2030 年，以下方向将成为增长引擎：

氢能耦合工程：开发“绿氢 + CCUS”一体化解决方案，构建零碳产业链。

数字孪生运维：通过元宇宙技术实现跨国项目远程协作，降低运维成本 40%。

碳资产证券化：设计碳信用收益权 ABS（丙烯腈、丁二烯、苯乙烯共聚物）产品，拓宽项目融资渠道。

在政策与市场的双重驱动下，CCUS 项目咨询与工程服务将成为碳中和战略实施的重要支撑，为全球能源转型提供系统性解决方案。

五、碳交易和碳市场服务

在全球碳中和目标驱动下，碳交易与碳市场服务正成为 CCUS 技术商业化的核心枢纽。国际碳行动伙伴组织（ICAP）数据显示，2024 年全球碳市场交易额突破 1.2 万亿美元，其中 CCUS 相关交易占比达 8%。

（一）碳金融产品创新

1. 碳信用开发与溢价机制

CDM（清洁发展机制）方法学 ACM0013 认证：联合国清洁发展机制（CDM）推出的 ACM0013 方法学，专门针对 CCUS 项目的碳信用认证。通过该认证的项目可获得最高 30% 的碳价溢价，较普通 VERs（自愿减排量）高出 20～30 美元／吨。例如，加拿大 Quest 项目通过 ACM0013 认证，其碳信用以 80 美元／吨价格出售给欧盟企业，年收益达 1.2 亿美元。

碳信用远期合约：新加坡托克集团以 60 美元／吨预购加拿大 Quest 项目 2025 年碳信用，锁定长期收益。该合约采用“浮动价格 + 保底机制”，当市场碳价超过 80 美元／吨时，托克集团可分享超额收益的 30%。此类金融工具帮助项目方对冲价格风险，提升融资能力。

碳信用期权产品：洲际交易所（ICE）推出的 CCUS 碳信用看涨期权，行权价 75 美元／吨，吸引投资者对冲碳价上涨风险。德国巴斯夫公司通过购买该期权，锁定未来三年 500 万吨碳信用采购价，降低成本波动影响。

2. 碳资产证券化创新

中国建设银行试点的碳权质押融资，允许企业以 CCUS 项目未来碳信用收益权为抵押，获得利率较基准低 1～2 个百分点的贷款。山东某钢铁企业通过该模式获得 5 亿元融资，用于建设 20 万吨／年碳捕集装置，还款来源为未来十年碳信用收益。

（二）交易平台与流动性提升

1. 场内交易市场

ICE 期货交易所：ICE 推出的 CCUS 碳信用期货合约，2024 年交易量突破 500 万吨，占全球碳期货市场的 6%。该合约标的为 ACM0013 认证的碳信用，采用现金交割方式，每日结算价参考欧盟碳价（EUA）。英国石油公司（BP）通过该平台对冲北美封存项目碳价风险，年交易量达 80 万吨。

上海环境能源交易所：中国首个 CCUS 专场交易平台，2025 年上线运行。该平台允许企业交易 CCUS 项目产生的核证自愿减排量（CCER），首日成交额突破 2 亿元。宝钢湛江钢铁公司通过该平台出售 10 万吨 CCER，成交价 48 元／吨，用于抵消其出口钢材碳关税。

2. 场外交易市场

彭博 GreenX 平台：为中小 CCUS 项目提供 P2P（伙伴对伙伴）交易服务，撮合成功率超 75%。该平台采用智能合约技术，自动匹配供需双方，交易成本较传统经纪模式低 50%。截至 2024 年底，该平台累计成交额达 230 万吨，覆盖全球 35 个国家的 127 个项目。

新加坡碳交易所（SGX）：推出的“东南亚碳走廊”计划，连接印度尼西亚、马来西亚等国的封存项目与日本、韩国的工业需求。该平台通过区块链技术实现碳信用溯源，确保跨境交易真实性，2024 年促成交易量 150 万吨。

（三）政策驱动与市场机遇

欧盟 CBAM 机制允许进口商使用 CCUS 减排量抵扣碳关税，刺激出口企业投资。中国宝钢集团通过在欧洲布局 CCUS 项目，其出口钢材可享受碳关税豁免，预计每年节省成本 3 亿欧元。该政策推动全球钢铁、化工企业加速 CCUS 技术部署。

美国《通胀削减法案》将 CCUS 项目税收抵免提高至 85 美元／吨（DAC 技术达 180 美元／吨），并允许碳信用在国际市场交易。美国 Occidental 公司计划投资 35 亿美元建设 DAC（直接空气碳捕获）集群，其收益的 60% 来自税收抵免，碳信用通过 ICE（美国洲际交易所）平台出售给欧洲企业。

中国全国碳市场扩容。2025 年中国碳市场覆盖钢铁、水泥等行业，CCUS 项目产生的 CCER 可用于履约。华能集团通过其上海石洞口二厂碳捕集项目，年出售 CCER 50 万吨，成交价 50 元／吨，收益 2500 万元。该政策驱动国内 CCER 市场规模年增长超 40%。

（四）技术赋能与效率提升

1. 区块链溯源系统

IBM 食品追溯（IBM Food Trust）平台扩展至 CCUS 领域，实现碳信用全生命周期追溯。该系统记录从捕集到封存的每一个环节数据，确保碳减排量真实性。欧盟 CBAM 机制认可该平台数据，简化进口商合规流程。

2. AI 定价模型

彭博新能源财经（BNEF）开发的 CCUS 碳价预测模型，结合政策动态、技术成本等 12 个变量，预测准确率达 82%。该模型帮助投资者优化交易策略，某对冲基金据此调整持仓，年收益率提升 15%。

（五）挑战与应对策略

1. 流动性不足

对策：建立做市商制度，如欧盟碳市场引入摩根大通等机构提供流动性支持，买卖价差从 5 美元／吨收窄至 2 美元／吨。

2. 方法学差异

对策：推动 ISO 制定《CCUS 碳信用核算国际标准》，统一全球方法学。中国、欧盟、美国已成立联合工作组，计划 2026 年发布初稿。

3. 价格波动风险

对策：开发碳价保险产品，如法国安盛公司推出的“碳价波动险”，当碳价低于约定阈值时赔付差额，保费率为 1.5%。

（六）未来展望

随着全球碳市场深化发展，碳交易与碳市场服务将呈现以下趋势：

全球化交易网络：2030 年前形成覆盖欧美亚的跨境碳市场，CCUS 交易占比提升至 15%。

智能化交易平台：AI（人工智能）算法实现动态定价，交易效率提升 50%。

碳金融产品创新：碳信用期货期权、碳债券等衍生品市场规模突破 5 000亿美元。

在政策与技术的双重驱动下，碳交易与碳市场服务将成为 CCUS 产业的价值中枢，为全球碳中和目标提供市场化解决方案。

六、风险投资和私募基金

在全球能源转型与碳中和目标驱动下，风险投资与私募基金正加速布局 CCUS 赛道。据 PitchBook 数据显示，2024 年全球 CCUS 领域融资额突破 180 亿美元，同比增长 73%，其中私募股权占比达 62%。

（一）投资赛道与策略演进

1. 早期技术孵化：颠覆性创新的摇篮

风险投资聚焦具有突破性潜力的 CCUS 技术，重点布局碳捕集材料、微生物矿化等前沿领域。Breakthrough Energy Ventures 领投 Climeworks 的 6.5 亿美元 D 轮融资，推动直接空气捕集（DAC）技术迭代，目标将捕集成本降至 100 美元／吨以下。该基金采用“技术验证 + 场景适配”双轮驱动策略，要求被投企业完成中试并获得至少两家工业客户意向订单。

Khosla Ventures 注资美国 BioMine 公司，开发微生物矿化 CO_2 技术，通过工程菌将 CO_2 转化为碳酸盐矿物，目标成本 10 美元／吨。该技术已在加利福尼亚州某钢铁厂试点，年固碳量达 5000 吨，获特斯拉公司电池材料部门技术验证。

2. 成长期项目融资：基础设施的价值发现

私募基金瞄准 CCUS 产业链关键基础设施，重点投资 CO_2 运输管网、封存枢纽等重资产项目。麦格理绿色基金募集 50 亿美元专项基金，投资欧洲北海 CO_2 运输管网建设，通过“容量预订 + 长期运维”模式锁定收益。该基金采用 PPP 结构，与挪威 Equinor 等企业签订 20 年服务协议，内部收益率达 12%。

黑石集团为美国 Summit Carbon Solutions 提供 15 亿美元夹层融资，利率为 6.5%，支持建设 2 000 公里 CO_2 运输管道。该项目连接中西部乙醇厂与达科他州封存枢纽，建成后年运输能力达 1200 万吨，碳信用收益覆盖 70% 融资成本。

3. 并购整合：产业链价值重构

战略投资者通过并购完善 CCUS 布局。雪佛龙公司收购 Aker Carbon Capture，补强碳管理业务，整合其模块化捕集技术与北海封存资源，形成“捕集 – 运输 – 封存”全链条能力。交易对价 32 亿美元，其中 40% 以碳信用收益权支付。

Storegga 并购 Pale Blue Dot，实现技术与数据整合。前者为欧洲最大封存运营商，后者拥有全球领先的地质建模系统，合并后将优化封存库选址效率，降低跨区域管网投资 15%。

（二）头部机构的全球布局

1. 国际资本动向

贝莱德设立 50 亿美元 CCUS 专项基金，重点投资欧洲、北美封存枢纽。其投资组合包括挪威 Northern Lights 项目、美国 Occidental DAC 集群，通过“碳价对冲 + 税收抵免”组合策略保障收益。

淡马锡通过旗下气候科技基金，注资中国远达环保公司、印度 Greenko 公司等企业，布局亚洲碳捕集市场。其投资标准要求项目年捕集能力超 100 万吨，且获得所在国政府碳价保底承诺。

2. 本土资本崛起

红杉中国成立 20 亿美元碳中和基金，聚焦 CCUS 技术商业化。已投项目包括蓝晶微生物 PHA 合成技术、中科碳元 DAC 吸附材料，要求被投企业 3 年内实现成本下降 50%。

国家绿色发展基金联合中石化资本，设立 100 亿元 CCUS 产业基金，重点支持煤化工捕集项目。采用“股权 + 债权”模式，为陕西榆林 100 万吨 / 年捕集项目提供 30 亿元融资，内部收益率锁定 8%。

（三）退出机制创新

1. 特殊目的收购公司（SPAC）上市

Carbon Engineering 通过 SPAC 上市估值 20 亿美元，成为北美首个 CCUS 上市公司。其技术路线为 DAC 与氢燃料合成，产品获阿拉斯加航空公司 10 万吨订单，碳排放强度较传统燃料低 80%。该交易开创“技术验

证 + 订单背书”的 SPAC 新模式。

2. 战略收购

巴斯夫集团 4 亿欧元收购 Avantium，布局电制甲醇技术。后者开发的 CATOFIN 工艺将 CO_2 与绿氢转化为甲醇，成本较传统工艺低 35%。巴斯夫集团计划将该技术整合至其路德维希港基地，每年消耗 30 万吨 CO_2。

3. 碳资产证券化

摩根士丹利发行 10 亿美元 CCUS 收益权 ABS，将得克萨斯州某封存项目未来 20 年碳信用收益证券化。该产品通过分层设计，优先级部分获穆迪 A3 评级，吸引养老基金等长期投资者。

（四）政策驱动与市场机遇

1. 税收抵免与补贴

美国《通胀削减法案》将 CCUS 税收抵免提高至 85 美元/吨（DAC 达 180 美元/吨），刺激私募资本加速布局。TPG Rise Climate 基金据此调整策略，将 30% 资金转向 DAC 技术，已投项目包括 Global Thermostat 的模块化捕集设备。

国家发展和改革委员会、国家能源局发布的《关于完善能源绿色低碳转型体制机制和政策措施的意见》明确，对 CCUS 项目给予 30% 所得税减免。高瓴资本据此设立 15 亿美元专项基金，重点投资钢铁、水泥行业捕集技术，内部收益率目标为达 15%。

2. 碳市场扩容

欧盟 CBAM 机制允许进口商使用 CCUS 减排量抵扣碳关税，刺激出口企业投资。KKR 集团发起 25 亿欧元“碳关税对冲基金”，为欧洲化工企业提供捕集项目融资，通过碳信用交易实现收益。

中国全国碳市场扩容后，CCER 交易活跃度提升。中金资本设立 50 亿元 CCER 专项基金，投资云南、内蒙古等地封存项目，通过碳信用出售实现年收益增加 12%。

（五）挑战与应对策略

1. 技术风险

对策：采用“联合投资 + 技术验证”模式。例如，微软气候创新基金与 BP 联合投资加拿大 Entropy 公司，要求其在 24 个月内完成万吨级矿化封存验证，否则终止后续投资。

2. 成本压力

对策：规模化降本与副产品收益。雪佛龙新技术基金投资的碳捕集膜技术，通过规模化生产将成本从 80 美元／吨降至 45 美元／吨，同时将副产品氢气出售给炼油厂，收入增加 20%。

3. 政策不确定性

对策：建立政策游说联盟。美国清洁技术协会联合 32 家投资机构，推动联邦政府延长“45Q”税收抵免期限至 2035 年，覆盖范围扩展至中小型项目。

（六）未来展望

随着全球碳价持续攀升（欧盟碳价突破 100 欧元／吨），风险投资与私募基金将重点关注以下方向。

氢能耦合技术：开发“绿氢 + CCUS”合成燃料，构建零碳能源闭环。

数字化碳管理平台：通过 AI 算法优化捕集效率，降低运维成本 30%。

跨境封存网络：布局“一带一路”封存枢纽，实现资源全球化配置。

预计到 2030 年，全球 CCUS 私募股权融资规模将突破 1000 亿美元，年复合增长率达 25%。在政策与市场的双重驱动下，风险投资与私募基金将成为 CCUS 技术商业化的核心推动力，为全球碳中和目标提供资本支撑。

七、智能化和数字化解决方案

在 CCUS 技术商业化进程中，智能化与数字化解决方案正成为提升全链条效率的核心驱动力。根据麦肯锡预测，到 2030 年，全球 CCUS 数字化市场规模将突破 300 亿美元，年复合增长率达 38%。

（一）实时监测：构建空天地一体化感知网络

1. 光纤传感技术突破

华为集团与中石油集团合作部署的 500 公里光纤传感网络，通过分布式振动监测技术实现管道泄漏定位精度 ±1 米。该系统利用敷设在管道周边的通信光缆作为传感器，实时采集并分析光纤中的应变信号，可识别第三方施工、地质沉降等威胁事件。在长庆油田封存项目中，该系统将预警响应时间从传统人工巡检的 4 小时缩短至 15 分钟，降低事故风险 60%。

技术创新包括以下方面。

增强型 oDSP（光通信核心）芯片：内置盲点纠错算法，将有效信号采集率提升至 99.9%。

多维度事件分析引擎：通过相位信息还原施工场景，事件识别准确率达 95%。

在线学习算法：实现新场景学习效率百倍提升。

2. 卫星遥感监测升级

加拿大 GHGSat 公司提供的卫星监测服务，通过高分辨率成像技术实现全球 300 个封存点的动态追踪。其专利传感器可从太空至 10000 英尺高空无缝监测 CO_2 排放，年服务费 100 万美元。该系统已应用于欧盟北海封存枢纽，成功发现 3 起微小泄漏事件，避免潜在经济损失超 2000 万欧元。

技术优势包括以下方面。

多光谱融合分析：结合 Landsat（卫星数据）与 Aster（高程模型），精准评估封存潜力。

热点检测算法：通过机器学习识别异常排放区域，误报率低于 0.5%。

跨境数据共享：支持欧盟 CBAM 机制下的碳信用溯源验证。

3. 物联网终端部署

中国石化在炼化企业部署的智能变送器网络，通过 5G 通信实时回传 CO_2 浓度数据。该系统集成压力、温度等 12 类传感器，单套装置日采集数据量达 20GB，为捕集系统动态调控提供支撑。在齐鲁石化项目中，通过终端数据优化，捕集能耗降低 12%。

（二）AI 优化：重构全链条技术经济模型

1. 捕集工艺智能调控

谷歌 DeepMind 开发的 AI 模型，通过深度强化学习算法优化胺法捕集流程，使再生能耗降低 15%。该系统实时监控 2 000 + 运行参数，动态调整溶剂循环量与蒸汽输入，在英国某电厂项目中实现年节省标煤 1.2 万吨。

微软 Azure AI 平台为中海油集团恩平油田开发的地质建模系统，将封存库选址效率提升 70%。其算法整合地震数据、测井曲线等多源信息，通过蒙特卡罗模拟预测 CO_2 运移路径，使单井封存效率提高 25%。

2. 运维成本预测性降低

西门子 MindSphere 数字孪生平台通过 AI 算法预测设备故障，将胺法捕集装置故障率降低 30%。在德国 Schwarze Pumpe 电厂项目中，该平台提前 72 小时预警再生塔堵塞风险，避免停机损失超 200 万欧元。

中石油集团与华为集团合作开发的智能调控系统，通过 AI 优化 CO_2 驱油注入参数，使单井增产效率提升 18%。该系统集成油藏数值模拟与生产数据，动态调整注入速度与压力，在大庆油田实现年增产原油 50 万吨。

（三）区块链溯源：构建碳信用信任体系

1. 全生命周期追溯平台

IBM Food Trust 区块链系统扩展至 CCUS 领域，实现碳信用从捕集到封存的全流程溯源。该平台记录每批次 CO_2 的捕集时间、运输路径、封存坐标等 30 + 关键数据，确保信息不可篡改。欧盟 CBAM 机制认可该系统数据，简化进口商碳关税抵扣流程。

中国首个 CCUS 区块链平台——“碳链网”，由国家电网与蚂蚁集团联合开发。该平台连接全国 37 个捕集项目，通过智能合约自动核算减排量，已为宝钢湛江钢铁公司提供 50 万吨 CCER 认证，交易成本降低 40%。

2. 跨境交易智能合约

新加坡碳交易所（SGX）推出的“东南亚碳走廊”计划，利用区块链技术实现跨境碳信用交易。该平台通过智能合约自动匹配供需双方，交易成本较传统经纪模式低 50%。截至 2024 年年底，平台累计成交 150 万吨，覆盖印度尼西亚、马来西亚等五国。

欧盟试点的“碳信用数字护照”项目，基于区块链技术实现碳资产跨国流转。该系统允许企业将封存项目产生的碳信用转换为数字凭证，在 ICE 期货交易所进行实时交易，流动性提升 3 倍。

（四）技术融合与创新方向

1. 数字孪生驱动设计

中国华能集团牵头开发的 CCUS 数字孪生平台，整合 BIM 模型与实时运行数据，实现跨地域协同设计。该平台通过模拟不同施工方案，节省投资 12%，已应用于新疆准噶尔盆地封存中心建设。

2. 边缘计算赋能现场

华为集团为中石油集团长庆油田部署的边缘计算节点，将 CO_2 浓度数据处理从云端下沉至现场。该系统在 100 毫秒内完成异常数据识别，较传统架构响应速度提升 5 倍，支撑无人化巡检。

3. 大模型优化决策

百度文心大模型为 CCUS 项目提供战略咨询服务，通过分析政策、技术、市场等多维度数据，生成最优投资方案。该模型已为红杉中国评估 12 个碳捕集项目，推荐项目 IRR（内部收益率）平均提升 3.2 个百分点。

（五）挑战与应对策略

1. 数据孤岛问题

对策：建立跨行业数据共享联盟。例如，中石油集团、中石化集团联合成立“油气碳数据联盟”，开放封存库地质数据，降低企业勘探成本 40%。

2. 技术标准缺失

对策：推动 ISO 制定《CCUS 数字化技术标准》，统一数据接口与协议。中国、欧盟、美国已成立联合工作组，计划 2026 年发布初稿。

3. 网络安全风险

对策：部署零信任安全架构。壳牌公司在北美封存项目中采用华为盘古安全解决方案，实现设备接入动态认证，攻击拦截率达 99.9%。

（六）未来展望

随着人工智能、区块链等技术的深度融合，CCUS 智能化与数字化将呈现以下趋势。

元宇宙运维：通过虚拟现实技术实现跨国项目远程协作，降低运维成本 40%。

数字碳护照：区块链技术实现碳信用全球流通，交易效率提升 50%。

自主决策系统：AI 大模型实现项目全生命周期自主管理，减少人工干预 70%。

预计到 2030 年，智能化解决方案将使 CCUS 全链条成本降低 35%，推动行业进入规模化发展新阶段。在技术与政策的双重驱动下，智能化与数字化将成为 CCUS 产业升级的核心引擎，为全球碳中和目标提供技术支撑。

八、碳中和咨询服务方案

在全球碳中和目标加速推进的背景下，碳中和咨询服务正成为连接政策目标与企业实践的关键纽带。根据埃森哲预测，到 2030 年，全球碳中和咨询市场规模将突破 1200 亿美元，年复合增长率达 28%。

（一）服务矩阵与价值创造

1. 战略规划：全周期脱碳路径设计

分阶段技术整合方案：麦肯锡为中国华能集团制定的“捕集 – 驱油 – 化工”三步走战略，通过技术经济性分析确定各阶段投资节奏。第一阶段聚焦燃煤电厂碳捕集，采用华能集团自主研发的复合胺技术实现成本降低 40%；第二阶段拓展至 CO_2 驱油封存，提升原油采收率 3% ~5%；第三阶段开发碳基材料生产，构建“减排 – 增值”闭环。该方案咨询费超 2 000 万元，支撑企业实现 IRR 提升 5 个百分点。

数字孪生决策平台：BCG 开发的脱碳路径模拟器，基于蒙特卡罗算法模拟不同技术组合的经济性，授权费 50 万美元 / 年。该平台已服务全球 500 强企业，在欧洲某化工集团项目中，通过优化“捕集 – 封存 – 氢能”耦合方案，将减排成本降低 35%。平台内置的动态参数调整模块，可实时响应碳价波动与政策变化。

2. 碳足迹管理：全价值链数据治理

供应链深度优化：SGS 为苹果公司供应链提供的 CCUS 减排方案，通过区块链技术追踪每台设备的碳足迹。该方案识别出代工厂 30% 的排放来自物流环节，建议部署 CO_2 基生物降解包装材料，单项目收费 30 万 ~

100 万美元。苹果公司据此调整采购策略，推动供应商改用绿电生产，实现供应链减排 15%。

碳中和认证服务：TÜV 南德推出的 CCUS 碳中和工厂认证体系，涵盖能源结构、捕集效率等 12 项核心指标，认证费 10 万欧元。某炼化企业通过该认证后，其产品出口欧盟享受碳关税豁免，年节省成本 2000 万欧元。认证过程中，咨询团队协助企业部署华为光纤监测系统，实现封存泄漏率低于 0.1%。

3. 政策游说：市场化风险对冲

碳税豁免制定方案：德勤公司为陶氏化学公司设计的欧盟 CBAM 合规策略，通过技术路径比选与排放强度核算，帮助企业获取碳税豁免。该方案识别出企业 30% 的排放可通过 CCUS 技术抵消，年节省成本 1.2 亿欧元。其方法论已形成标准化模板，覆盖钢铁、化工等六大行业。

ESG 评级提升服务：面对 MSCI 将 CCUS 纳入 ESG 评级的新要求，毕马威推出专项咨询服务。某能源企业通过该服务优化碳管理披露框架，将 CCUS 项目投资占比提升至 25%，ESG 评级从 BBB + 升至 A –，吸引责任投资资金超 50 亿元。服务内容包括减排量核算标准对接、利益相关方沟通策略制定。

（二）技术赋能的服务创新

1. 智能碳管理平台

碳足迹开发的“碳云”AI 系统，集成 16 万条碳排放因子数据库，实现从核算到抵消的全流程自动化。该平台通过大型语言模型自动生成碳披露报告，已服务全球 1300 家客户。某汽车制造商使用该平台后，供应链碳足迹核算效率提升 70%，成功通过苹果公司的碳中和认证。

2. 气候科技成果转化

新华网“碳路未来”平台构建的技术成果库，汇聚全球 300 余项

CCUS 专利。该平台为某水泥企业匹配到加拿大 Carbstone Technologies 的矿化固碳技术，通过技术许可与本土化改造，实现单吨熟料固碳 0.2 吨，投资回收期缩短至 3 年。平台采用“技术评估 + 商业落地”双轮驱动模式，抽取项目收益的 5% 作为服务费。

（三）行业趋势与竞争格局

1. 服务能力三代演进

第一代服务（2010—2015 年）：以单一碳盘查为主，服务周期长，成本占比高。

第二代服务（2016—2020 年）：扩展至减排方案设计，数字化工具应用率 30%。

第三代服务（2021年至今）：全链条集成 + 数据智能，服务效率提升 50%。

目前全球共有 47 家企业具备第三代服务能力，其中中国占比 38%，主要集中在碳足迹、远景科技等创新型企业。

2. 差异化竞争策略

垂直领域深耕：上海海事大学联合 LR 船级社开发航运脱碳框架，聚焦船舶燃料转型，服务费达项目投资额的 8%。

数据资产构建：中国气象局“风和”数据平台整合气象与碳排放数据，提供定制化减排方案，年订阅费超 500 万元。

技术并购整合：高瓴资本收购英国碳咨询公司 EcoAct，强化碳管理数字化能力，服务费率提升 20%。

（四）未来展望

随着全球碳市场深化发展，碳中和咨询服务将呈现以下趋势。

AI 驱动的精准服务：通过大模型预测政策走向与技术成本，提供动态优化方案。

跨境碳治理支持：协助企业应对 CBAM 等机制，设计跨国减排协同方案。

碳资产证券化服务：开发碳信用收益权 ABS 产品，拓宽项目融资渠道。

预计到 2030 年，碳中和咨询服务将形成“数据 + 技术 + 资本”的闭环生态，为全球能源转型提供系统性解决方案。在政策与市场的双重驱动下，咨询服务商将从单一方案提供者转型为价值共创者，推动 CCUS 技术的规模化应用。

九、CCUS 基础设施融资

在全球能源转型与碳中和目标驱动下，CCUS 基础设施融资正成为连接技术落地与产业规模化的关键纽带。根据彭博新能源财经数据，2024 年全球 CCUS 基础设施融资额突破 350 亿美元，同比增长 58%，其中跨境资本占比达 42%。

（一）融资模式创新与实践

1. 资产证券化：重资产价值的流动性释放

加拿大 Wolf Midstream 将 CO_2 管道未来 20 年收费权打包发行 ABS，融资规模 15 亿美元，评级 BBB +，融资成本较传统贷款低 1.5 个百分点。该模式通过结构化设计，将管道运营收益分为优先级（70%）和次级（30%），吸引养老基金等长期投资者。某能源公司通过该模式为其美国中西部封存枢纽项目融资 20 亿美元，还款来源为碳信用收益与运输服务费。

中国首个 CCUS 资产证券化项目 —— 新疆准噶尔盆地封存中心 ABS，由中石油集团与中信证券公司联合发行，规模 10 亿元。该产品以未来 15 年封存服务费为底层资产，通过区块链技术实现现金流实时监控，发行利率较同评级企业债低 1.2 个百分点。

2. PPP 模式：政府与社会资本协同

英国 HyNet CCUS 集群项目采用“政府 + 企业”双轨融资，政府出资 30%，私人资本占 70%，通过影子收费机制保障收益。该项目吸引麦格理、贝莱德集团等机构参与，年处理 CO_2 100 万吨，碳信用收益覆盖 40% 融资成本。其合同设计包含“碳价联动机制”，当碳价超过 80 欧元／吨时，政府分享超额收益的 25%。

中国首个省级 CCUS PPP 项目——山东碳排放权交易中心，由省财政厅与中金资本合作，总投资 50 亿元。项目包含 CO_2 运输管网、封存库及交易平台，采用“使用者付费 + 可行性缺口补助”模式，IRR 锁定 8%。该项目通过特许经营权质押融资 30 亿元，还款期 12 年。

（二）多元化融资工具应用

1. 绿色债券：低成本资金获取

欧盟北海封存枢纽发行的绿色债券，规模 25 亿欧元，期限 15 年，利率 1.8%。资金用于建设连接荷兰、德国的 CO_2 运输管网，项目收益来自企业碳信用采购。该债券通过气候债券倡议组织（CBI）认证，吸引瑞典国家养老基金等绿色投资者。

中国华能集团发行的碳中和专项绿色债券，规模 50 亿元，利率 2.9%，期限 5 年。资金用于支持其上海石洞口二厂捕集项目，年减排 $CO_2$100 万吨。该债券获中诚信 AAA 评级，募投项目碳强度较行业基准低 35%。

2. 股权融资：战略投资者引入

贝莱德集团设立的 50 亿美元 CCUS 专项基金，重点投资欧洲封存枢纽。其投资组合包括挪威北极光项目、德国 Schwarze Pumpe 电厂捕集工程，通过“碳价对冲 + 税收抵免”组合策略保障收益。该基金要求被投项目年捕集能力超 50 万吨，且获得政府碳价保底承诺。

红杉中国成立的 20 亿美元碳中和基金，聚焦 CCUS 技术商业化。已投项目包括蓝晶微生物 PHA 合成技术、中科碳元 DAC 吸附材料，要求被投企业 3 年内实现成本下降 50%。基金采用“技术验证 + 场景适配”双轮驱动策略，要求完成中试并获得至少两家工业客户意向订单。

（三）国际经验与政策工具

1. 国际金融机构支持

世界银行旗下的国际金融公司（IFC）为印度尼西亚封存项目提供 1.5 亿美元贷款，利率较市场低 2 个百分点。该贷款附带技术援助条款，支持项目部署华为光纤监测系统，实现泄漏率低于 0.1%。同时，IFC 通过“风险共担机制”承担 30% 违约风险，吸引亚洲开发银行等机构跟投。

亚洲基础设施投资银行（AIIB）设立的 10 亿美元 CCUS 专项贷款，重点支持东南亚封存枢纽建设。印度尼西亚某项目通过该贷款融资 2 亿美元，用于建设连接爪哇岛工业带的 CO_2 运输管网，还款期 18 年。贷款协议要求项目采用欧盟封存标准，确保碳信用可在国际市场交易。

2. 碳价保障机制

加拿大阿尔伯塔省推行的“碳价地板计划”，承诺未来 10 年碳价每年上涨 10 加元 / 吨，2030 年达 170 加元 / 吨。该政策使项目 IRR 提升 3% ~5%，吸引雪佛龙公司、壳牌公司等企业投资。某封存项目据此调整融资结构，将碳价保底收益权质押，获得低成本贷款 12 亿美元。

中国试点的“碳价保险”产品，由人保财险承保碳价波动风险。某煤化工企业投保后，当碳价低于 40 元 / 吨时，保险公司赔付差额，保费率为 1.5%。该产品帮助企业锁定收益，成功发行 8 亿元绿色债券。

（四）挑战与应对策略

1. 政策不确定性

对策：建立政策游说联盟。美国清洁技术协会联合 32 家投资机构，推动联邦政府延长“45Q”税收抵免期限至2035年，覆盖范围扩展至中小型项目。中国CCUS产业联盟正推动将碳捕集项目纳入《产业结构调整指导目录》，享受所得税减免。

2. 成本压力

对策：规模化降本与副产品收益。雪佛龙公司新技术基金投资的碳捕集膜技术，通过规模化生产将成本从80美元/吨降至45美元/吨，同时将副产品氢气出售给炼油厂，收入增加20%。

3. 技术风险

对策：采用“联合投资+技术验证”模式。微软气候创新基金与BP公司联合投资加拿大Entropy公司，要求其在24个月内完成万吨级矿化封存验证，否则终止后续投资。

（五）未来展望

随着全球碳市场深化发展，CCUS基础设施融资将呈现以下趋势。

氢能耦合融资：开发“绿氢+CCUS”一体化项目融资方案，构建零碳产业链。

跨境融资网络：布局“一带一路”封存枢纽，通过亚洲基础设施投资银行等机构实现全球化融资。

碳资产证券化创新：设计碳信用收益权期货、期权等衍生品，提升市场流动性。

预计到2030年，全球CCUS基础设施融资规模将突破1500亿美元，年复合增长率达28%。在政策与市场的双重驱动下，多元化融资工具将成为CCUS技术规模化的核心支撑，为全球碳中和目标提供资本保障。

十、跨国技术合作平台

在全球碳中和目标驱动下，跨国技术合作平台正成为加速CCUS技术突破与商业化的关键载体。根据国际能源署数据，2024 年全球跨国 CCUS 合作项目达 127 个，涉及技术授权、联合研发等多种模式，推动全产业链成本下降 25%。

（一）专利池运营：突破技术壁垒的关键枢纽

1. 开放式专利许可模式

国际 CCUS 专利联盟借鉴 HEVC Advance 专利池运营经验，采用“声明许可 + 合理收费”机制，将胺法捕集、地质封存等核心专利纳入共享体系。该模式通过统一费率标准（如每千吨捕集量 0.5 美元），降低中小企业技术获取门槛。中国石化集团与壳牌公司达成交叉授权协议，互换胺法捕集溶剂配方与封存监测算法专利，节省双方研发成本超 2 亿美元。

2. 技术扩散效率提升显著

专利布局优化：联盟通过 AI 算法分析全球技术空白，引导成员企业针对性研发，填补 56 项封存监测领域专利缺口。

标准必要专利（SEP）认定：建立 CCUS 技术标准必要专利清单，已覆盖 85% 的胺法捕集关键技术。

3. 联合研发成果共享

中英工程技术合作指导委员会机制下，两国企业联合攻关低成本碳捕集技术。中国石化集团与英国赫瑞 - 瓦特大学合作开发的膜分离捕集技术，通过纳米纤维膜材料创新，将碳捕集能耗降至 2.2 GJ/t，形成 5 项联合专利。该技术已应用于山东某电厂，年捕集能力达 10 万吨，碳信用收益覆盖 60% 投资成本。

（二）政府间合作机制：政策协同与资源整合

1. 国家级平台建设

中英工程技术合作指导委员会自 2022 年成立以来，已组织 CCUS 专题学术交流会、技术路演等活动 12 场。在最新的 2024 年会议中，双方达成三项合作共识。

联合攻关计划：设立 5 000 万英镑专项基金，重点支持 CCUS 全链条技术研发。

数据共享平台：开放两国封存库地质数据，降低企业勘探成本 40%。

标准互认机制：协同制定《CCUS 跨境项目技术规范》，预计 2026 年发布。

该平台已促成中国石化集团与英国石油公司（BP）在新疆准噶尔盆地的封存项目合作，通过技术互补实现封存成本降低 20%。

2. 多边合作框架创新

中国与欧盟联合发起的“中欧 CCUS 创新走廊”计划，整合双方 23 家企业资源，构建从捕集到封存的跨境产业链。该计划通过以下机制实现协同发展。

跨境碳价联动：建立中欧碳信用互认体系，允许企业在两地碳市场交易。

技术路线互补：欧洲企业提供封存监测技术，中国企业输出低成本碳捕集工艺。

融资渠道互通：通过亚洲基础设施投资银行、欧洲投资银行联合融资，降低项目融资成本 1.5 个百分点。

（三）企业联盟创新：产业链价值重构

1. 跨行业技术整合

中国石化集团、壳牌公司、中国宝武集团、巴斯夫集团组成的“华东 CCUS 产业联盟”，通过技术共享与资源协同，打造千万吨级开放式项目。该联盟采用“碳源 - 运输 - 封存”一体化运营模式。

碳源整合：收集长江沿线钢铁、化工企业尾气，年捕集能力达 800 万吨。

运输网络：建设专用槽船运输系统与陆上管网，运输成本较传统模式低 35%。

封存枢纽：利用东海咸水层与胜利油田枯竭油气藏，形成多场址封存体系。

联盟成员通过交叉持股与技术许可，实现专利共享率达 75%，推动 CCUS 全链条成本下降至 45 美元／吨。

2. 技术转移平台赋能

国际技术转移协作网络（ITTN）开发的 CCUS 技术匹配系统，通过 AI 算法分析全球 2000 余项专利，为企业提供精准技术对接服务。印度尼西亚某能源公司通过该平台获取中国石化集团膜法捕集技术授权，将其燃煤电厂捕集成本降低至 38 美元／吨，较欧美同类技术低 40%。该平台采用“技术评估＋商业落地”双轮驱动模式，抽取项目收益的 5% 作为服务费。

（四）技术扩散与商业化路径

1. 技术验证中心建设

中国国际科技合作协会与英国皇家工程院共建的 CCUS 联合实验室，配备全球首套全流程模拟装置。该实验室通过数字孪生技术验证新型碳捕集溶剂性能，已为 32 家企业提供技术优化方案。德国某化工企业在此验证其电制甲醇工艺，将 CO_2 转化率提升至 92%，获欧盟创新基金 2000 万欧元资助。

2. 跨境示范项目推进

“一带一路”CCUS 示范工程——中马钦州产业园封存项目，由中国寰球工程与马来西亚国家石油公司合作建设。该项目采用中国石化集团胺法捕集技术与壳牌公司封存监测系统，年封存能力 50 万吨，碳信用通过新加坡碳交易所交易。项目通过技术本地化改造，将成本控制在 50 美元／吨，成为东盟地区标杆案例。

（五）挑战与应对策略

1. 知识产权争议

对策：建立跨国知识产权调解机制。例如，中美欧成立的 CCUS 知识产权委员会，已制定《跨境专利许可指引》，明确技术转让费率与争端解决流程。

2. 技术标准差异

对策：推动 ISO 制定《CCUS 技术国际标准》，统一监测方法与性能指标。中国、欧盟、美国已成立联合工作组，计划 2026 年发布初稿。

3. 文化与法律差异

对策：培养复合型人才。清华大学与帝国理工学院开设的 CCUS 双学位项目，已培养 127 名兼具技术背景与国际视野的专业人才，覆盖法律、金融等多个领域。

（六）未来展望

随着全球 CCUS 技术合作深化，跨国平台将呈现以下趋势。

元宇宙协作平台：通过虚拟现实技术实现跨国研发团队实时互动，降低沟通成本 40%。

跨境碳资产交易：区块链技术实现碳信用全球流通，交易效率提升 50%。

氢能耦合创新：开发“绿氢 + CCUS”联合专利池，构建零碳能源闭环。

预计到 2030 年，跨国技术合作将推动 CCUS 全链条成本降至 30 美元/吨以下，形成覆盖全球的技术创新网络。在政策与市场的双重驱动下，跨国合作平台将成为碳中和目标的核心支撑，为全球气候治理提供系统性解决方案。

十一、劳动力培训与认证

在 CCUS 技术规模化发展进程中，专业化人才储备成为决定产业竞争力的核心要素。国际能源署预测，到 2030 年全球 CCUS 领域人才需求将达 1200 万人，年复合增长率超 25%。

（一）技能认证体系的全球构建

1. 国际认证标准制定

全球碳捕集与封存研究院（GCCSI）推出的 CCUS 工程师认证体系，涵盖捕集、运输、利用、封存四大核心模块，培训费 5 000 美元 / 人。该认证通过理论考试与实操考核相结合，持证人员薪酬溢价达 30%。某跨国能源公司通过该认证体系培养的专业人才，成功将封存泄漏率从行业平均 0.3% 降至 0.1%。

认证标准动态更新机制包括以下方面。

技术迭代响应：每 2 年修订一次认证标准，纳入 DAC 等新型碳捕集技术。

区域适应性调整：针对亚洲、欧洲不同地质条件，设置差异化考核模块。

数字化能力要求：2025 年新增 AI 运维、区块链溯源等数字技能考核。

2. 本土职业资格创新

中国新增“碳捕集操作工”国家职业资格，年培训需求超 10 万人。国家能源集团建立的 CCUS 实训基地，年培养 2000 名专业人才，课程涵盖胺法捕集设备操作、CO_2 驱油参数调控等 12 项核心技能。某煤化工企业通过该认证的员工，操作效率提升 40%，事故率下降 60%。

认证体系特色包括以下方面。

校企双元培养：企业导师与高校教授联合授课，理论、实践占比 1∶1。

模块化技能矩阵：设置捕集、运输、封存等 6 个技能单元，支持跨领域认证。

终身学习账户：记录培训积分，积分达标可兑换高级认证考试资格。

（二）培训模式创新与实践

1. 全链条课程体系

清华大学国家卓越工程师学院开设的碳中和提升项目，设置碳汇与 CCUS 方向课程，包含地质封存力学、CO_2 化工转化等专业模块。该课程体系通过数字孪生技术模拟封存库选址，学员在虚拟环境中完成从碳捕集到碳封存的全流程操作训练。

中国石油 CCUS 技术培训班采用“理论 + 实践 + 研讨”三维模式。

院士领衔课程：张烈辉院士主讲 CO_2 驱提高气藏采收率技术。

实验室实操：在长江大学实验室进行 CO_2 压裂液配方调试。

案例研讨：分析辽河油田 10 万吨级封存项目工程实践。

2. 产业学院协同育人

西南石油大学与中国石油共建的 CCUS 产业学院，开发“三阶段”培养方案：

基础理论阶段：学习《石油工业 CCUS 发展概论》等 7 部专著。

技术深化阶段：参与“二氧化碳矿化固废联产化工产品”课题研究。

工程实践阶段：在长庆油田封存现场完成 6 个月顶岗实习。

该模式已培养 500 余名毕业生，就业率达 100%，平均起薪较传统石油工程专业高 45%。

（三）政策支持与市场机遇

1. 税收激励与补贴

《国务院办公厅关于深化产教融合的若干意见》明确规定，企业用于 CCUS 培训的费用可按 80% 加计扣除。某炼化企业据此调整培训预算，年投入从 500 万元增至 1200 万元，培养专业人才 300 名，获税收减免 240 万元。

欧盟“技能转型计划”为 CCUS 培训提供每人 3000 欧元补贴，支持企业与高校联合培养。德国某技术学院通过该计划，为巴斯夫集团等企业定向输送 120 名封存监测工程师，项目成本降低 40%。

2. 就业市场扩容

全球碳市场深化推动人才需求激增。猎聘网数据显示，2025 年 CCUS 研发工程师岗位薪酬中位数达 45 万元 / 年，较 2020 年增长 210%。某猎头公司为某能源科技企业寻访 CCUS 技术专家，成功候选人获 150 万元年薪 + 期权激励。

中国“十四五”职业技能培训规划将 CCUS 纳入重点领域，计划到 2025 年培养 50 万名专业人才。国家电网、宝钢等企业设立专项人才基金，对获得 GCCSI 认证的员工给予 5 万元奖励。

（四）技术演进与人才需求

1. 三代人才能力要求

第一代人才（2010—2015 年）：掌握单一环节操作技能，如胺法捕集设备维护。

第二代人才（2016—2020 年）：具备全链条技术认知，能解决跨环节协同问题。

第三代人才（2021 年至今）：精通数字化工具，能通过 AI 优化工艺参数。

当前全球第三代人才占比不足 15%，中国通过“新工科”建设加速培养，清华大学、西南石油大学等高校已将 Python 编程、机器学习纳入必修课。

2. 复合型人才缺口

随着 CCUS 与氢能、数字化深度融合，市场急需以下三类复合型人才。

技术 + 金融：熟悉碳资产证券化、碳价对冲策略。

工程 + 法律：精通跨境技术许可、碳关税合规。

数据 + 管理：能通过数字孪生优化项目全生命周期管理。

某国际咨询公司调研显示，此类人才缺口达 40%，企业愿为跨领域技能支付 50% 以上薪酬溢价。

（五）未来展望

随着 CCUS 技术向智能化、规模化发展，劳动力培训与认证将呈现以下趋势。

元宇宙实训平台：通过虚拟现实技术模拟跨国封存项目，降低培训成本 40%。

动态技能认证：AI 算法实时评估能力，自动推荐个性化学习路径。

全球人才流动：建立跨国认证互认机制，推动 CCUS 专家跨境就业。

预计到 2030 年，全球 CCUS 人才市场规模将突破 2 000 亿美元，年复合增长率达 35%。在政策与技术的双重驱动下，劳动力培训与认证将成为碳中和目标实施的重要支撑，为全球能源转型提供人才保障。

十二、投资风险评估与应对策略

在全球碳中和目标的驱动下，CCUS 技术领域展现出巨大的投资潜力。然而，如同其他新兴行业一样，CCUS 投资也伴随着一系列复杂的风险因素。据国际能源署（IEA）统计，2024 年全球 CCUS 项目因各类风险导致的平均投资回报率较预期降低了 12%。因此，系统评估与有效应对这些风险，成为投资者实现可持续回报的关键。

（一）政策波动风险：政策导向下的收益稳定性挑战

政策波动是 CCUS 投资面临的首要风险。CCUS 项目的经济可行性在很大程度上依赖于政府的碳价政策、补贴机制和税收优惠。以欧盟碳市场为例，2024 年碳价波动幅度超过 40%，直接影响了 CCUS 项目的收益预期。

1. 政策变动的多维度影响

碳价波动：碳价是 CCUS 项目收益的核心驱动力。当碳价下跌时，CCUS 项目的碳信用销售收入减少，如 2022 年欧洲部分碳捕集项目因碳价下滑，年收益减少了 30%。

补贴调整：政府补贴是 CCUS 项目前期投资的重要支持。一旦补贴政策收紧，项目的资金压力将显著增加。例如，美国部分州在 2023 年削减了对 CCUS 项目的补贴，导致多个项目延迟或搁置。

法规变更：环保法规的变化可能增加 CCUS 项目的合规成本。如欧盟新的 CO_2 泄漏监测标准，要求企业投入更多资金用于监测设备升级，CCUS 项目成本增加了约 15%。

2. 应对策略与案例分析

长期协议锁定收益：通过签订长期购电协议（PPA）或碳信用购买协议，锁定碳价与收益。丹麦 Ørsted 与微软签订的 10 年期固定碳价合约，确保了项目在碳价波动环境下的稳定收益，年化收益率维持在 8% 以上。

政策风险对冲基金：设立专项基金对冲政策风险。某国际投资机构发起的碳政策风险基金，通过投资不同区域、不同类型的 CCUS 项目，平衡政策变动影响，实现了 12% 的年复合收益率。

政策游说与合作：企业联合行业协会进行政策游说，影响政策制定。美国清洁技术协会联合 32 家投资机构，成功推动联邦政府延长"45Q"税收抵免期限，覆盖范围扩展至 CCUS 中小型项目。

（二）技术替代风险：创新浪潮下的技术路线抉择

CCUS 技术正处于快速发展阶段，新的捕集、运输和封存技术不断涌现，技术替代风险成为投资者面临的重要挑战。

1. 技术迭代的影响机制

成本竞争：新型技术的出现可能大幅降低成本，使现有项目失去竞争力。如直接空气捕集（DAC）技术成本若降至 100 美元／吨以下，将对传统胺法捕集造成威胁。

性能优势：新技术在捕集效率、能耗等方面的优势，可能导致市场对旧技术的需求下降。例如，膜分离捕集技术的能耗较胺法降低 30%，吸引了更多企业关注。

应用场景拓展：一些新兴技术可能开辟新的应用场景，改变市场格局。电催化 CO_2 转化技术有望实现碳的高值化利用，创造新的商业模式。

2. 应对策略与案例分析

组合投资策略：投资者在不同技术路线间分散布局，降低单一技术风险。BP 公司同时投资 DAC 初创公司和传统胺法捕集项目，确保在技术变革中保持竞争力。

技术跟踪与并购：建立技术监测体系，及时并购具有潜力的技术企业。雪佛龙公司收购 Aker Carbon Capture，快速获取其模块化捕集技术，完善自身技术布局。

产学研合作创新：企业与高校、科研机构合作，加速技术转化。中国石化集团与清华大学联合研发的新型捕集溶剂，将捕集成本降低了 20%，提升了项目的技术壁垒。

（三）市场接受度风险：社会认知与市场需求的双重考验

市场接受度风险源于公众对 CCUS 技术的认知不足和下游市场需求的不确定性。

1. 市场接受度的影响因素

公众认知：部分地区公众对 CO_2 封存存在安全担忧，导致项目推进受阻。如挪威某封存项目因周边居民反对，延迟两年开工。

下游需求：CO_2 资源化利用市场尚未成熟，需求波动较大。例如，CO_2 制甲醇市场受油价、煤价影响，价格波动幅度达 40%。

行业竞争：在碳减排领域，CCUS 面临可再生能源、能效提升等技术的竞争，市场份额争夺激烈。

2. 应对策略与案例分析

社区沟通与教育：建立社区沟通基金，开展环境教育与就业培训，提升公众支持度。挪威国家石油公司（Equinor）为封存项目周边居民提供环境教育与就业培训，将公众反对率从 40% 降至 15%。

需求培育与市场拓展：企业联合下游客户开展示范项目，培育市场需求。巴斯夫集团与多家汽车制造商合作，推广 CO_2 基工程塑料，扩大市场规模。

差异化竞争策略：通过技术创新与商业模式优化，提升项目竞争力。某初创企业开发的“CCUS + 绿氢”一体化项目，通过生产低碳合成燃料，在市场中脱颖而出。

结论：CCUS 投资的黄金十年

尽管面临诸多风险，2025—2035 年仍将成为 CCUS 商业化的关键窗口期。投资者需聚焦政策激励明确（如中美欧）、技术成本曲线陡峭（如 DAC、电催化）、产业链协同度高（如化工 - 封存枢纽）的领域，同时构建风险对冲组合，以把握碳中和浪潮中的结构性机遇。预计到 2030 年，全球 CCUS 市场规模将突破 5 000 亿美元，复合年增长率达 25%，创造百万级绿色就业岗位，成为全球能源转型的核心引擎。

在政策支持与技术进步的双重驱动下，CCUS 投资正从高风险、高潜力的早期阶段迈向规模化、可持续的发展阶段。投资者通过精准的风险评估与有效的应对策略，有望在这一新兴领域实现长期、稳定的回报，为全球碳中和目标贡献资本力量。

第二节　国际和跨行业 CCUS 的合作

在全球碳中和目标的宏大愿景下，CCUS 技术由于其本身的复杂性与显著的资本密集特性，显然难以依靠单一国家或行业的力量实现突破与广泛应用。国际与跨行业合作通过资源整合、风险分担以及知识共享等多重优势，已然成为推动 CCUS 技术规模化落地的核心路径。本节将从技术研发到社会参与等多个层面，系统地剖析 CCUS 合作模式及其实现机制，为 CCUS 产业的发展提供全方位的策略参考。

一、科研和技术创新合作

（一）跨国联合实验室

中欧碳捕集联合研究中心（CECCR）作为跨国科研合作的典范，由清华大学、爱丁堡大学与亚琛工业大学携手共建。该中心专注于燃烧后捕集技术的革新，通过多学科交叉团队的协同攻关，在胺类溶剂配方优化方面取得重大突破。其研发的低能耗工艺成功将再生热耗降至 2.3GJ/t CO_2，与传统技术相比降低了 25%，极大地提升了碳捕集过程的能源效率。凭借卓越的科研成果，CECCR 获得了欧盟“地平线 2020”计划高达 1.2 亿欧元的资助，进一步推动了技术的中试与商业化验证。

美澳直接空气捕获联盟同样在技术前沿领域积极探索，通过材料科学的创新突破，成功将直接空气捕获（DAC）的成本从 600 美元／吨大幅压缩至 180 美元／吨。这一成本的显著降低，使得 DAC 技术从理论设想迈向规模化应用成为可能，为全球碳减排提供了新的技术路径。联盟通过定期的学术交流、联合实验以及人才互访等机制，促进了两国科研力量的深度融合，加速了技术迭代。

（二）技术专利共享平台

全球 CCUS 专利池（GCPP）汇聚了壳牌公司、中石化集团等全球能源化工巨头的 3000 余项专利，构建了一个庞大的技术共享网络。该平台采用“收入分成”的创新模式，向使用专利的企业收取 1%～3% 的许可费，既保障了专利所有者的权益，又降低了中小企业获取技术的门槛。例如，中国华能集团与美国 GE 能源基于 GCPP 平台达成专利交叉授权协议，双方在胺法捕集与封存监测技术领域实现了资源共享，这一举措为双方节省了超过 2 亿美元的研发成本，同时加速了相关技术在全球范围内的推广应用。

XPRIZE 基金会发起的“碳去除大赛”则以 1 亿美元的高额奖金为激励，吸引了全球范围内的科研团队、初创企业参与，聚焦于 DAC、生物矿化等前沿碳去除技术。大赛通过设置多轮筛选、现场演示以及专家评审等环节，挖掘出一批具有潜力的创新技术，推动了 CCUS 技术的快速迭代与创新发展，营造了全球范围内的创新竞赛氛围。

（三）数据共享与开源工具

挪威 Sleipner 项目作为全球首个大规模 CO_2 封存项目，公开了长达 20 年的封存监测数据，涵盖地震波、水文化学等多维度参数。这些宝贵的数据资源支撑了全球 300 余篇科研论文的发表，为科研人员深入研究 CO_2 在地层中的运移规律、封存稳定性等关键问题提供了实证依据，促进了碳封存技术的优化与完善。

澳大利亚 CO_2 CRC 开源的 Eclipse CO_2 STOR 模拟软件，下载量突破 5 万次，受到全球科研机构与企业的广泛应用。该软件能够模拟 CO_2 在地质构造中的注入、扩散与封存过程，帮助中小企业在缺乏大规模实验条件的情况下，快速开展封存可行性研究，降低了技术研发与项目规划的成本与风险。

IBM公司与新加坡政府合作打造的“跨境碳数据链”，借助区块链技术的不可篡改、可追溯特性，实现了跨国数据的可信共享，有效破解了因数据主权争议导致的数据流通障碍。这一平台为跨国CCUS项目的联合监测、评估以及碳信用交易提供了数据基础，促进了全球碳市场的互联互通与协同发展。

二、示范项目和合作平台

（一）示范项目案例

1. 北极光项目（挪威－欧盟）

Equinor牵头的北极光项目堪称跨国CCUS合作的典范。该项目成功整合了壳牌公司、道达尔公司等行业巨头的资源，建成了欧洲首条跨国CO_2运输管网，意义非凡。项目每年具备150万吨的封存能力，其运营模式极具创新性，通过船运的方式，将德国、荷兰工业排放的CO_2收集起来，长途运输至北海咸水层进行封存。在商业运营层面，北极光项目向巴斯夫公司等企业收取80欧元／吨的服务费，这种市场化的运作不仅有效验证了跨境商业化模式的可行性，还为项目带来了稳定的收入。项目自运营以来，已成功封存数百万吨CO_2，在欧洲的碳减排行动中发挥了重要的示范引领作用，为后续更多跨国CCUS项目的开展提供了宝贵的实践经验与参考范例。

2. 亚洲碳捕集与封存枢纽（ACCS）

日本经产省携手印度尼西亚Pertamina、马来西亚Petronas共同打造的亚洲碳捕集与封存枢纽（ACCS），在东南亚地区的CCUS发展进程中留下了浓墨重彩的一笔。项目选址于印度尼西亚Gundih气田，在这里对CO_2进行捕集，而后通过海底管道将其输送至马来西亚的枯竭油田进行封存。

该项目总投资高达 15 亿美元，年封存规模可达 50 万吨，成功开创了东南亚首个跨国 CCUS 走廊。ACCS 项目的建成，不仅促进了区域内国家在能源领域的深度合作，还为东南亚地区应对气候变化、实现碳减排目标提供了切实可行的解决方案。通过该项目，印度尼西亚和马来西亚得以共享技术、资源与经验，提升了自身在 CCUS 领域的技术水平与项目实施能力，也为其他亚洲国家开展跨国 CCUS 合作提供了可借鉴的模式。

（二）国际平台建设

1. 碳收集领导人论坛（CSLF）

碳收集领导人论坛（CSLF）作为促进成员国及国际社会在 CCUS 领域交流与合作的部长级多边机制，自 2003 年成立以来，发挥着极为关键的作用。该论坛建立了全球 CCUS 项目数据库，精心收录了 400 余个项目的详细信息，涵盖项目的技术路线、建设规模、运营状况等多方面内容。这一数据库为全球范围内的 CCUS 项目提供了一个重要的对标平台，各国科研人员、企业从业者和政策制定者能够通过该数据库，便捷地对比不同项目的技术路线优劣，学习成功经验，避免重复劳动，从而推动 CCUS 技术在全球范围内的优化与创新。例如，某国在规划新建 CCUS 项目时，可借助该数据库参考其他国家类似地质条件下项目的技术选择与实施策略，有效降低项目规划风险，提高项目成功率。

2. 全球碳封存研究院（GCCSI）

全球碳封存研究院（GCCSI）发布的《封存潜力地图》是其对全球 CCUS 发展的重要贡献之一。地图数据显示，东南亚地区海上封存潜力惊人，高达 7.3 万亿吨，这一数据犹如一颗“信号弹”，吸引了雪佛龙公司、埃克森美孚公司等国际能源巨头在该地区布局。GCCSI 通过科学的评估与研究，为企业和投资者提供了具有权威性和前瞻性的信息，助力他们做出合理的投资决策与战略规划。同时，GCCSI 还通过举办各类学术研讨会、技术交流会等活动，促进全球范围内的技术交流与合作，加速封存技术的研发与应用进程，推动 CCUS 产业朝着更加高效、更加安全的方向发展。

（三）跨行业合作模式

1. 钢化联产示范

中国宝钢集团与华谊集团的合作开启了“钢－化－碳”产业链协同发展的新局面。在合作过程中，宝钢集团充分利用自身高炉煤气中的 CO_2，其浓度可达 20%，通过先进的提纯技术将 CO_2 提取出来，提供给华谊集团用于生产甲醇。这一合作模式成效显著，年 CO_2 利用量成功突破 10 万吨，不仅实现了钢铁行业的深度脱碳，降低了钢铁生产过程中的碳排放，还为化工产业提供了丰富且低成本的原料，实现了资源的高效循环利用。从经济效益上看，双方通过合作降低了生产成本，提高了产品竞争力；从环境效益上看，为我国的碳减排目标做出了积极贡献，成为跨行业合作实现绿色发展的典型案例。

2. 能源与农业跨界合作

美国 NRG 能源与垂直农场 Gotham Greens 的合作则探索出了能源与农业领域跨界合作的新模式。NRG 能源将电厂排放的 CO_2 转化为蔬菜增产的宝贵原料，借助温室大棚内的特殊环境调控系统，精准控制 CO_2 浓度，促进蔬菜的光合作用，从而实现蔬菜产量的提升。经实践验证，这种合作模式所带来的减排收益能够覆盖捕集成本的 30%，既降低了电厂的碳排放压力，又为农业生产提供了新的发展思路。Gotham Greens 通过与能源企业合作，获得了稳定且廉价的 CO_2 气源，进一步降低了蔬菜生产成本，提高了农产品的市场竞争力。这种跨行业合作模式不仅实现了资源的跨领域优化配置，还为解决能源行业减排难题与促进农业可持续发展提供了创新路径。

三、政府间合作

（一）多边协议与政策协同

1.《伦敦公约》修订

《伦敦公约》在全球 CCUS 合作进程中扮演着极为重要的角色，其修订内容影响深远。45 国共同签署的《伦敦公约》，突破性地允许 CO_2 海底封存跨境运输，这一举措为跨国 CCUS 项目的开展扫除了关键障碍。以英国－挪威、日本－澳大利亚等为代表的国家间封存合作项目，正是受益于《伦敦公约》的修订得以顺利推进。在英国－挪威合作项目中，英国将工业生产过程中捕集的 CO_2，通过专门的运输船跨越海域，输送至挪威北海的咸水层进行封存，实现了资源的合理配置与排放的有效管控。

中美两国在 CCUS 领域的合作同样引人注目。双方签订的 CCUS 合作备忘录，明确约定在封存监测技术方面展开深度共享，这将极大地提升两国在封存项目安全性与稳定性监测方面的能力。互认碳信用机制的建立，有助于构建统一的碳市场衡量标准，促进碳信用在两国间的流通与交易，提升碳资产的流动性与价值。更为重要的是，两国联合投资蒙古国煤电＋CCUS 项目，凭借先进的技术与充足的资金支持，该项目碳年减排量高达 500 万吨，在助力蒙古国能源产业绿色转型的同时，也为全球 CCUS 项目的跨国投资与运营提供了成功范例。

2. 区域合作框架

欧盟的 CBAM 机制在推动区域内 CCUS 发展方面发挥着显著的激励作用。CBAM 将 CCUS 纳入碳关税豁免范围，这一政策导向促使欧盟出口企业纷纷加大对 CCUS 技术的投资力度。企业为了避免高额的碳关税支出，积极探索在生产过程中引入 CCUS 技术，从源头上减少碳排放。部分钢铁企业通过投资建设碳捕集装置，将生产过程中排放的 CO_2 进行回收处理，不仅满足了 CBAM 的要求，还通过碳信用交易获得了额外收益，实现了经济效益与环境效益的双赢。

东盟在 CCUS 领域的区域合作也在稳步推进。东盟 CCUS 路线图规划宏伟，计划在 2030 年前建成 3 个区域封存枢纽。新加坡凭借其发达的金融体系，为项目提供强有力的金融支持，包括项目融资、碳金融产品开发等。印度尼西亚和马来西亚则充分发挥自身的资源优势，贡献出具有良好地质条件的封存资源。三国通过紧密协作，有望打造出东南亚地区 CCUS 产业发展的核心区域，带动整个东盟地区的碳减排进程，提升区域在全球 CCUS 领域的影响力。

（二）标准化政策工具

1. 碳价联动机制

加拿大阿尔伯塔省与美国加利福尼亚州建立的碳价联动机制，为区域间碳市场的协同发展提供了创新思路。双方通过互认 CCUS 减排量，实现了碳市场的互联互通。当阿尔伯塔省的碳价高于加利福尼亚州时，加利福尼亚州的企业可通过在阿尔伯塔省投资 CCUS 项目获取减排量，并在加利福尼亚州碳市场进行交易，反之亦然。差价补贴由双方政府按照一定比例分摊，这一举措有效平衡了两地碳价差异，降低了企业的减排成本，提高了 CCUS 项目的投资吸引力。据统计，自碳价联动机制建立以来，两地间 CCUS 项目投资额增长了 30%，碳减排量也实现了显著提升。

2. 碳税抵免政策

挪威在推动 CCUS 项目发展方面的碳税抵免政策独具特色。挪威允许企业将国内缴纳的碳税抵免用于欧盟封存项目，这一政策极大地激发了企业参与跨国 CCUS 项目的积极性。企业通过参与欧盟封存项目，不仅能够履行自身的碳减排责任，还能通过碳税抵免降低运营成本，提高项目的经济可行性。这种政策设计促进了挪威企业在欧盟范围内的资源优化配置，加强了区域间 CCUS 项目的合作与交流，推动了整个欧洲地区 CCUS 产业的发展。

四、碳交易和金融机构的合作

（一）跨国碳信用机制

1. 清洁发展机制升级

清洁发展机制（CDM）作为《京都议定书》下的重要合作机制，在推动全球碳减排进程中发挥了关键作用。为适应 CCUS 技术发展需求，CDM 新增 CCUS 方法学 ACM0013，这一举措具有重大意义。该方法学的引入，允许发展中国家的 CCUS 项目向 EU－ETS（欧盟碳排放交易体系）出售碳信用，从而为发展中国家的 CCUS 项目开辟了新的融资渠道，激发了其在 CCUS 领域的投资热情与创新活力。

以韩国 POSCO 为例，该企业积极借助亚洲碳信用互换平台，购买中国大庆油田 CCUS 项目的 100 万吨减排量。这一操作不仅满足了 POSCO 自身履行《巴黎协定》承诺的需求，也体现了跨国碳信用交易在全球碳减排框架下的资源优化配置作用。通过此类交易，中国大庆油田的 CCUS 项目得以获得资金支持，进一步扩大项目规模、提升技术水平；韩国 POSCO 则以相对较低的成本完成减排任务，实现了双赢局面。这种跨国碳信用合作模式，为全球范围内不同发展水平国家之间的碳减排合作提供了成功范例，有助于缩小南北国家在碳减排能力上的差距，推动全球碳减排目标的实现。

2. 国际金融工具创新

在 CCUS 项目的推进过程中，国际金融机构发挥着不可或缺的支持作用，通过创新金融工具为项目提供资金保障与风险分担方案。世界银行气候投资基金为印度塔塔电力 CCUS 项目提供了 8 亿美元主权担保，这一举措极大地增强了项目的融资能力。主权担保降低了项目的融资风险，使项目能够以更低的成本获取资金，吸引更多商业金融机构参与投资，有力地推动了塔塔电力 CCUS 项目的建设与运营，为印度能源行业的低碳转型提供了关键支持。

亚洲基础设施投资银行（亚投行）发行 20 亿美元绿色债券专项支持管网建设，聚焦于 CCUS 产业链中的关键基础设施环节。绿色债券的发行，吸引了全球范围内关注可持续发展的投资者，为 CCUS 管网建设筹集了大量资金。完善的 CO_2 运输管网是实现 CCUS 规模化应用的重要基础，亚投行的这一举措有助于解决 CCUS 项目在基础设施建设阶段面临的资金瓶颈问题，促进区域乃至全球 CCUS 产业的协同发展。

瑞士再保险公司与劳合社公司则在风险管理领域进行创新，开发出“封存泄漏责任险”和“碳信用交付保证险”。这两种保险产品专门针对 CCUS 项目的风险特性设计，覆盖期长达 30 年，保费率为 1.2% ~2.5%。“封存泄漏责任险”为 CO_2 封存过程中可能出现的泄漏风险提供保障，一旦发生泄漏事故，保险公司将承担相应的清理、赔偿等费用，降低了项目运营方的潜在损失。“碳信用交付保证险”则确保碳信用能够按照合同约定顺利交付，保障了碳信用交易双方的权益，增强了碳信用市场的稳定性与可信度，为跨国碳信用交易的健康发展提供了有力支撑。

（二）私营资本参与

随着 CCUS 市场潜力的逐渐显现，私营资本积极涌入，成为推动 CCUS 产业发展的重要力量。黑石集团设立 70 亿美元碳解决方案基金，精准布局 CCUS 领域。该基金投资美国 Summit 碳管道项目，助力构建高效的 CO_2 运输网络，为 CO_2 从排放源到封存地的运输提供了关键通道，加速了 CCUS 产业链的完善。同时，投资巴西甘蔗制乙醇 + CCUS 项目，通过将 CCUS 技术与巴西优势的甘蔗制乙醇产业相结合，实现了生物能源生产过程中的碳减排与资源化利用，探索出一条绿色能源发展的新路径。

贝莱德与沙特公共投资基金（PIF）携手成立 50 亿美元合资平台，专注于开发红海 CCUS 枢纽。该枢纽旨在连接石化企业与海底封存点，构建一体化的 CCUS 产业集群。石化企业作为 CO_2 排放大户，通过与 CCUS 枢纽合作，将生产过程中排放的 CO_2 进行捕集、运输并封存于海底，实现深度减排。红海地区拥有丰富的海底地质构造，具备良好的 CO_2 封存条件，合资平台充分利用这一地理优势，打造具有区域影响力的 CCUS 示范项目。通过整合各方资源，该项目有望成为全球 CCUS 产业发展的标杆，吸引更多私营资本投入，推动 CCUS 技术在全球范围内的规模化应用与商业化发展。

五、产业链合作

（一）跨行业技术耦合

1. 化工 – 电力协同

在 CCUS 产业链合作中，化工与电力行业的协同发展展现出巨大潜力。德国巴斯夫公司与莱茵集团的合作堪称典范，巴斯夫公司将化工尾气中浓度高达 90% 的 CO_2 输送至莱茵集团电厂。由于化工尾气中的 CO_2 浓度高、杂质相对较少，为后续的提纯与封存工作提供了优质原料。莱茵集团利用先进的胺法捕集技术对这些 CO_2 进行提纯，将其纯度提升至适合封存的标准，最终实现 CO_2 年减排 80 万吨 。这种合作模式不仅解决了化工企业尾气排放难题，也为电力企业提供了额外的减排途径，通过出售碳信用或获得政策补贴，增加了企业的经济效益。

中国万华化学公司与华能集团的合作则聚焦于 CO_2 的资源化利用。华能集团电厂排放的 CO_2 成为万华化学公司生产聚碳酸酯的重要原料，通过创新性的工艺，成功替代了传统的光气法工艺。光气法工艺在生产过程中使用剧毒的光气，对环境和人体健康存在极大危害，而新的 CO_2 基工艺毒性降低了 95%，极大地提升了生产过程的安全性与环境友好性。在经济层面，双方通过长期稳定的合作协议，确保了原料供应的稳定性与价格的合理性，降低了生产成本，提高了产品在市场中的竞争力，实现了化工与电力行业在 CCUS 领域的双赢。

2. 油气－钢铁协同

油气与钢铁行业的协同合作在 CCUS 领域同样成果斐然。埃克森美孚公司凭借自身在碳捕集技术方面的优势，将捕集到的 CO_2 供应给美国钢铁公司，用于直接还原铁（DRI）生产。在 DRI 生产过程中，CO_2 作为还原剂参与反应，替代了部分传统的碳源，每吨钢的生产可减排 1.8 吨 CO_2。这一合作不仅帮助钢铁企业降低了碳排放，还为油气企业的碳捕集技术开拓了新的应用市场，促进了技术的进一步优化与规模化发展。

宝钢湛江钢铁基地与中海油集团的合作独具特色，双方将钢厂排放的 CO_2 注入南海油田进行驱油作业。从技术原理来看，CO_2 注入油田后，能够降低原油黏度，提高原油流动性，从而实现石油增产。同时，CO_2 在地下被封存，实现了永久减排。在经济收益方面，宝钢集团通过出售 CO_2 获得额外收入，中海油集团则通过石油增产提升了经济效益，实现了封存收益与石油增产的双赢局面。这种跨行业合作模式为钢铁与油气行业的可持续发展提供了创新路径，也为其他类似行业的合作提供了宝贵经验。

（二）基础设施共享

构建高效的 CO_2 运输管网是实现 CCUS 规模化应用的关键环节，而通过联盟形式共建共享管网基础设施成为行业发展的趋势。欧洲“二氧化碳骨干网”（CO_2 NEC）连接了荷兰鹿特丹、德国鲁尔区等工业密集区域与挪威的封存点，年输送能力高达 5000 万吨。该管网由 15 家企业合资运营，包括能源公司、化工企业以及专业的运输服务商等。通过合资模式，各企业共同承担管网建设与运营成本，共享运输收益，有效降低了单个企业的投资风险。在运营过程中，各企业根据自身的 CO_2 排放量与运输需求，协商确定运输配额与价格，实现了资源的合理配置。

美国“中西部碳走廊”项目则另辟蹊径，通过改造既有天然气管道来运输 CO_2。这种方式充分利用了现有基础设施，有效降低了建设成本，经测算成本降低了 40%。雪佛龙公司、ADM 公司等企业积极参与共建，雪佛龙公司利用该管网将其在中西部地区工厂捕集的 CO_2 运输至封存地，ADM 公司则将农产品加工过程中产生的 CO_2 进行集中运输与处理。通过对既有管道的改造与共享，不仅减少了新建管网对环境的影响，还加快了 CO_2 运输基础设施的建设进程，促进了区域内 CCUS 产业的协同发展。

（三）商业模式创新

1. 碳捕集即服务（CCaaS）

挪威 Aker Carbon Capture 公司开创的碳捕集即服务（CCaaS）商业模式，为中小企业参与 CCUS 提供了便捷途径。公司为欧洲水泥厂提供模块化捕集装置，水泥厂无须承担前期高额的设备投资成本，只需按照处理的 CO_2 量，以 50 欧元 / 吨的价格支付服务费用。这种商业模式极大地降低了中小企业在 CCUS 领域的进入门槛，尤其对于那些资金有限但又有减排需求的企业具有极大吸引力。从运营角度看，Aker Carbon Capture 公司通过规模化生产与运营，降低了单位捕集成本，提高了设备的运行效率与维护水平，实现了规模经济与专业化服务的有机结合。

2. 封存权交易平台

加拿大阿尔伯塔省建立的封存权交易平台，创新性地将地下封存空间资产化。壳牌公司以 2 亿加元购入 2 亿吨封存配额，这一举措具有多重意义。从资源配置角度看，通过市场机制，将有限的地下封存空间分配给有需求的企业，提高了资源的利用效率。对于出售封存配额的一方，能够通过资产变现获得资金用于其他环保项目或企业发展；对于购买方，如壳牌公司，获得了稳定的封存空间，保障了其 CCUS 项目的长期运营。从行业发展角度看，封存权交易平台的建立，促进了 CCUS 产业链上下游企业之间的资源整合与合作，激发了市场活力，推动了 CCUS 产业的商业化进程，为全球其他地区提供了可借鉴的市场运作模式。

六、技术标准和规范的制定

（一）国际标准

国际标准化组织技术委员会 ISO/TC 265 在推动 CCUS 技术标准化进程中发挥着关键作用，其发布的标准为 CO_2 捕集系统的设计、建设与运行提供了统一的评估框架，涵盖捕集效率、能耗、设备可靠性等核心指标。例如，在某跨国 CCUS 项目中，各国参与方依据该标准对捕集装置进行性能评估，确保了项目在全球不同地区的建设与运营质量一致性，有效避免了因标准差异导致的技术衔接问题与投资风险。

（二）区域认证互认

欧盟与美国在 CCUS 领域的合作迈向新高度，双方互认封存认证标准，这一举措极大地简化了项目审批流程。以往，企业在欧美不同区域开展 CCUS 项目时，需分别遵循两套不同的认证标准进行项目申报与审批，耗时费力且成本高昂。如今，互认机制的建立，使得企业能够凭借一套认证结果在双方区域内通行，缩短了项目筹备周期，降低了企业的合规成本，吸引更多跨国企业参与到欧美地区的 CCUS 项目投资与建设中，加速了 CCUS 技术在大西洋两岸的推广应用。

亚太经合组织（APEC）推出的“CCUS 技术护照”创新机制，成效显著。该机制将跨境项目审批周期从原本的 18 个月缩短至 6 个月，通过整合 APEC 成员经济体的技术标准与认证体系，为 CCUS 项目提供了一站式的区域通行认证服务。亚太地区某能源企业计划在多个 APEC 成员国内开展 CCUS 项目，借助“CCUS 技术护照”，该企业能够快速完成项目在不同国家的审批流程，实现项目的快速落地，有力地促进了亚太地区 CCUS 项目的跨境合作与技术交流，提升了区域整体的碳减排能力与效率。

（三）行业自律协议

油气行业气候倡议（OGCI）成员展现出积极的行业担当，共同承诺在

2030年前将CCUS成本降至40美元／吨以下。为实现这一目标，成员企业通过联合研发、技术共享以及规模化生产等手段，不断优化CCUS技术与项目运营。例如，部分企业在碳捕集技术研发上共享实验数据与研究成果，避免重复研发，加速技术突破；在项目运营方面，通过整合运输与封存资源，提高设施利用率，降低单位成本。这一自律协议不仅有助于油气行业自身的低碳转型，也为全球CCUS产业成本下降提供了示范与推动力量。

全球水泥协会制定的技术指南，为水泥行业的CCUS发展提供了统一规范。技术指南对水泥生产过程中的CO_2浓度、捕集率等关键指标的测算方法进行了明确统一，解决了行业内长期存在的标准不统一问题。在某跨国水泥集团的全球工厂中，依据该技术指南进行CO_2捕集项目的规划与实施，确保了各工厂间数据的可比性与项目效果的一致性。通过统一标准，水泥行业能够更精准地评估CCUS技术应用效果，推动行业整体朝着低碳、绿色方向发展，提升水泥行业在全球CCUS产业链中的参与度与贡献度。

七、社会参与和公众教育

（一）跨国公众参与框架

国际CCUS公民陪审团作为一种创新的跨国公众参与机制，会聚了12国公民代表，广泛收集不同国家民众对于CCUS技术发展的看法、期望与担忧。这些公民代表通过深入研讨、专家咨询以及实地考察等方式，形成对CCUS项目的综合性审议结论。而这些结论在国际政策制定中扮演着关键角色，被纳入G7政策建议体系，为政府决策提供了重要的民意参考。这种跨国公众参与模式，打破了国家间的地域与文化隔阂，使得全球不同地区民众的声音能够被国际组织与各国政府听见，促进了CCUS政策制定的民主化与科学化，确保政策能够更好地回应公众关切，提升公众对CCUS项目的接受度与支持度。

在加拿大，尊重土著社区权益在CCUS项目推进中被置于重要地位，法律明确要求项目必须获得土著社区的“自由、事先和知情同意”。以壳牌公司 Quest 项目为例，该项目位于加拿大阿尔伯塔省，当地土著社区在土地使用、文化传统等方面与项目紧密相关。为赢得土著社区的支持与同意，壳牌公司设立了规模高达 1 亿加元的社区基金。基金用途广泛，涵盖社区基础设施建设、教育资源提升、文化保护项目等。通过该基金，土著社区在健康、教育、经济发展等方面获得显著改善，同时也深度参与到项目决策过程中，从项目规划到运营都有土著社区代表参与监督。这种模式不仅保障了土著社区的合法权益，也为项目的顺利实施营造了良好的社会环境，实现了企业与社区的共赢，为全球范围内涉及原住民地区的 CCUS 项目提供了宝贵的借鉴经验。

（二）教育资源共享

联合国教科文组织凭借其在全球教育领域的权威性与影响力，开发了《CCUS 科学与政策》慕课课程。该课程内容丰富，涵盖 CCUS 技术原理、应用案例、政策法规以及发展趋势等多个方面，通过线上教学平台向全球开放。截至目前，已有来自世界各地的 10 万名学生选修此课程，学生们跨越地域限制，在虚拟课堂中学习 CCUS 知识，交流学习心得，促进了全球范围内 CCUS 知识的传播与交流。这种大规模开放在线课程的模式，极大地降低了学习门槛，让更多对 CCUS 感兴趣的人能够便捷地获取专业知识，为培养全球 CCUS 领域的专业人才奠定了基础。

全球碳封存研究院（GCCSI）发布的多语言教育工具包，同样在 CCUS 教育资源共享方面发挥着重要作用。工具包以通俗易懂的方式介绍 CCUS 技术，包含图文资料、动画演示、案例分析等多种形式，且支持多种语言版本，以适应不同国家与地区人群的需求。其下载量超 20 万次，广泛应用于学校教育、社区科普以及企业培训等场景。例如，在东南亚某国的社区科普活动中，当地志愿者借助该工具包，以本国语言向居民介绍 CCUS 知识，使居民对这一新兴技术有了更直观的认识，有效提升了公众对 CCUS 技术的认知水平。

在媒体传播方面，BBC 与央视联合制作的纪录片《碳捕集之路》取得了显著成效。纪录片通过实地拍摄、专家访谈以及案例解析等方式，生动展现了 CCUS 技术从实验室研发到项目落地的全过程，以及其在应对气候变化中的重要作用。该纪录片覆盖全球 50 个国家，观看数量高达 2 亿人次，在传播过程中引发了广泛关注与讨论。调查显示，观看纪录片后，公众对 CCUS 技术的接受度提升了 15%。媒体作为重要的传播渠道，通过优质内容创作，成功将 CCUS 技术这一相对专业、生僻的话题推向大众视野，增强了公众对 CCUS 技术的理解与认可，为 CCUS 技术的推广与应用营造了良好的舆论氛围。

八、风险共担和保险合作

（一）跨国风险分担机制

在 CCUS 项目推进过程中，风险分担机制对于保障项目的顺利实施与可持续发展至关重要。世界银行设立的“碳封存风险基金”，旨在为发展中国家的 CCUS 项目提供关键支持。该基金为项目提供最高达 80% 的泄漏赔偿担保，有效缓解了发展中国家在开展 CCUS 项目时面临的高额风险赔偿压力。以东南亚某国的 CCUS 项目为例，在项目筹备初期，由于当地缺乏大规模 CO_2 封存经验，对于潜在的泄漏风险担忧较大，导致项目融资困难。在获得世界银行“碳封存风险基金”的担保承诺后，项目成功吸引了国际投资，顺利启动建设。

亚洲开发银行推出的“封存失效险”同样具有创新性。在这一保险模式下，保费由政府与企业各承担 50%，实现了风险责任在公共部门与私营部门之间的合理分配。这种分担机制一方面减轻了企业的保费负担，提高了企业参与 CCUS 项目的积极性；另一方面，政府的参与也体现了对 CCUS 项目的政策支持与风险管控决心。例如，在中亚某国的一个 CCUS

项目中，通过购买“封存失效险”，项目运营方在面对可能出现的封存地质结构变化导致封存失效风险时，有了更充足的资金保障，能够及时采取补救措施，降低损失，保障项目的长期稳定运行。

（二）再保险联盟

全球碳风险共保体由慕尼黑再保险公司等行业巨头联合组建，其承保能力高达 100 亿美元，为全球范围内的 CCUS 项目提供了强大的风险保障后盾。共保体通过整合各成员的资金、技术与风险管理经验，实现风险在全球范围内的分散。例如，在欧洲某大型 CCUS 项目中，项目面临着复杂的地质条件与高昂的前期投资风险，全球碳风险共保体为其提供了全面的保险方案，涵盖了从项目建设到运营阶段的多种风险。各成员根据自身专长，分别负责地质风险评估、工程建设风险管控以及运营阶段的责任保险等，通过协同合作，确保了项目的顺利推进。

伦敦劳合社公司发行的“碳封存巨灾债券”，则创新性地将保险与资本市场相结合。投资者购买该债券后，可获得 8% ~12% 的年化收益率。在正常情况下，投资者能够获得稳定的收益回报；一旦发生碳封存相关的巨灾事件，如大规模 CO_2 泄漏导致严重环境灾难，债券本金将用于支付赔偿费用。这种模式为 CCUS 项目筹集了大量资金，同时也将巨灾风险分散到资本市场的广大投资者群体中。以北美某 CCUS 项目为例，通过发行“碳封存巨灾债券”，项目获得了充足的资金用于建设与风险储备，有效提升了项目应对极端风险的能力，增强了项目的抗风险韧性。

（三）行业专属保险产品

美国安达保险公司针对 CCUS 项目中的驱油封存环节，推出了综合险产品，该保险全面覆盖了泄漏风险、驱油效率风险，保费率设定为 2.5%。在 CCUS 项目中，驱油封存是实现碳减排与资源利用双赢的重要环节，但也面临着诸多风险。例如，在 CO_2 注入油藏过程中，可能因地质构造复杂导致泄漏，不仅会对环境造成危害，还可能引发周边社区的安全隐患；同时，若驱油效率未达到预期，将影响项目的经济效益。美国安达保险公司的综合险产品为项目运营方提供了全方位的保障，确保项目在面对这些风险时能够及时获得赔偿，维持正常运营。

法国安盛公司开发的碳信用交付保险，赔付率高达 90%，为 CCUS 项目的收益提供了有力保障。在碳信用交易市场中，项目方需要确保能够按照合同约定交付碳信用，以获取相应收益。然而，由于技术故障、政策变动等多种因素，碳信用交付可能面临延迟或无法交付的风险。安盛公司的碳信用支付保险这一产品，能够在碳信用交付出现问题时，按照合同约定向项目方支付赔偿金，保障了项目的现金流稳定，提升了项目在碳市场中的信用度，促进了碳信用交易的健康发展，为 CCUS 项目的商业化运营提供了重要的风险防范工具。

九、南北技术转移与资金机制

（一）绿色气候基金支持

绿色气候基金（GCF）在推动全球 CCUS 技术发展，尤其是助力发展中国家跨越技术与资金鸿沟方面发挥着核心作用。GCF 已拨款 5 亿美元用于支持非洲的 CCUS 项目，旨在提升非洲大陆在碳捕集、利用与封存领域的技术水平和项目实施能力。南非 Sasol 公司的煤制油 + CCUS 项目便是其中的典型受益案例，该项目成功获得 2.3 亿美元的资金支持。Sasol 公司作为全球领先的煤制油企业，其技术成熟，但在融入 CCUS 技术以实现低碳转型时面临资金短缺问题。GCF 的资金注入，使项目能够顺利开展大规模的 CO_2 捕集与封存工程建设，有效降低煤制油过程中的碳排放，为南非乃至整个非洲的能源产业绿色转型树立了标杆。

挪威政府与泰国 PTT 集团之间的合作，则开创了技术与资金联动的创新模式。挪威政府资助泰国 PTT 集团 1 亿美元，作为交换，挪威获得该项目 5% 的碳信用收益权。在技术层面，挪威向泰国转让先进的咸水层封存技术，泰国拥有丰富的沿海咸水层资源，但缺乏相应的封存技术与经验。通过此次合作，PTT 集团得以利用挪威的技术优势，在泰国湾沿岸开展 CO_2 封存项目。挪威则通过碳信用收益权，分享项目的长期减排成果，实现了资金与技术的跨国优化配置，促进了双方在 CCUS 领域的共同发展，也为其他国家间的类似合作提供了可资借鉴的范例。

（二）技术转移协议

在东北亚地区，中国、日本、韩国三国基于地缘优势与产业互补性，建立了高效的技术转移平台。日本三井物产凭借其在胺法捕集技术上的深厚积累，向中国转让先进的捕集工艺。胺法捕集技术是目前应用最为广泛的 CO_2 捕集技术之一，日本在溶剂研发、设备优化等方面处于世界领先水平。中国企业在引入技术后，结合本土的工程实践经验，对该技术进行适应性改进，并与日本企业分享在低成本封存方面的经验。中国在地质封存选址、封存储量评估以及降低封存成本等方面拥有独特的技术与实践成果，双方通过技术交流与合作，实现了技术的双向流动与优化，提升了整个东北亚地区在 CCUS 全产业链上的技术竞争力。

德国巴斯夫集团与印度信实工业集团达成的专利许可协议，有力地推动了 CO_2 制塑料技术在印度的本地化进程。巴斯夫集团作为全球化工巨头，在 CO_2 资源化利用领域拥有大量核心专利，其开发的 CO_2 制塑料技术能够将工业排放的 CO_2 转化为具有商业价值的塑料制品，实现碳减排与资源利用的双重目标。印度信实工业集团在印度化工市场占据重要地位，但在先进的 CO_2 制塑料技术方面相对滞后。通过专利许可协议，信实工业集团获得巴斯夫集团的技术授权，能够在印度本土建设生产设施，将 CO_2 制塑料技术落地应用。同时，信实工业集团利用其在印度的市场渠道与资源优势，对该技术进行本地化改进，降低生产成本，提高产品在印度市场的竞争力，促进了该技术在印度的广泛推广与应用，推动印度化工产业向低碳、绿色方向转型。

十、跨国公司价值链协作

（一）供应链脱碳计划

在全球可持续发展浪潮下，跨国科技巨头苹果公司积极推动供应链脱碳，将 CCUS 技术深度融入供应链体系。苹果要求其遍布全球的供应商采用 CCUS 技术，以此降低生产过程中的碳排放，实现全产业链的绿色转型。为鼓励供应商积极响应，苹果公司采取了双管齐下的策略：一方面，为有需求的供应商提供低息贷款，缓解其引入 CCUS 技术初期面临的资金压力，确保供应商能够顺利开展技术改造与项目建设；另一方面，苹果作出碳采购承诺，优先采购采用 CCUS 技术、实现低碳生产的供应商的产品，为供应商提供稳定的市场预期与商业激励。

以富士康郑州工厂为例，在苹果公司的推动下，该厂积极探索 CCUS 技术应用路径，创新性地通过捕集燃煤电厂排放的 CO_2，用于生产绿色甲醇。绿色甲醇作为一种清洁能源，不仅可替代传统化石燃料用于工厂自身的能源消耗，还可作为化工原料用于电子产品生产过程中的溶剂等环节。这一举措成效显著，富士康郑州工厂通过 CCUS 技术实现的年减排量被计入苹果公司的碳中和目标，既助力苹果公司向自身可持续发展目标迈进，也为富士康郑州工厂带来了经济效益与企业声誉提升。通过参与苹果公司的供应链脱碳计划，富士康郑州工厂在技术创新、节能减排方面积累了宝贵经验，为其未来拓展更多绿色业务奠定了基础，实现了苹果公司与供应商在 CCUS 技术驱动下的双赢发展。

（二）物流行业协同

物流行业作为碳排放大户，在跨国公司的 CCUS 合作版图中占据重要地位。亚马逊凭借其庞大的物流网络与强大的资金实力，通过气候承诺基金投资 10 亿美元，大力支持 UPS 等物流合作伙伴部署 CCUS 技术。在实际运营中，UPS 利用这些资金，在其物流枢纽与运输车队中试点应用 CCUS 技术，如在部分大型仓库安装 CO_2 捕集设备，将捕集到的 CO_2 进行合理利用或封存。这些减排量可用于抵消 UPS 在物流运输过程中的碳排放，助力其逐步实现碳中和目标。同时，亚马逊通过与 UPS 的合作，间接减少了自身供应链物流环节的碳排放，提升了整个电商物流体系的绿色化水平。

DHL 作为全球知名物流企业，与挪威 Aker Carbon Capture 展开深度合作，共同为欧洲客户推出“碳中和包裹”服务。Aker Carbon Capture 为 DHL 提供先进的 CCUS 技术支持，DHL 则利用自身广泛的物流网络与客户资源，将 CCUS 技术应用于包裹运输的全流程。从包裹揽收到运输、仓储再到最终配送，每一个环节产生的碳排放都通过 CCUS 技术进行捕集、处理与抵消。客户在选择“碳中和包裹”服务时，不仅能确保包裹安全、及时送达，还能为环境保护贡献力量，实现消费行为的碳足迹归零。这一合作模式不仅为 DHL 在欧洲物流市场赢得了竞争优势，吸引更多注重环保的客户，也推动了 CCUS 技术在物流行业的规模化应用，为全球物流行业的绿色转型提供了可复制的范例。

十一、合作成效评估与未来趋势

（一）成本与规模突破

在全球携手应对气候变化的征程中，国际合作在 CCUS 领域发挥着不可或缺的关键作用，其成效集中体现在成本与规模两大核心维度。过去十年间，凭借各国政府、科研机构以及企业间的紧密协作，CCUS 成本实现了突破性下降，降幅高达 60%，从最初的 120 美元／吨锐减至 50 美元／吨。这一显著成果得益于多方面因素：跨国联合研发促使技术快速迭代，如中美欧联合攻关新型捕集材料，大幅提升捕集效率并降低能耗；规模化项目建设带来显著的规模效应，如欧洲“二氧化碳骨干网”项目，通过整合 15 家企业资源共建运输管网，分摊建设与运营成本，使单位运输成本降低 30%。

从项目规模来看，全球范围内在建的跨国 CCUS 项目数量已超 80 个，呈现出蓬勃发展的态势。这些项目的年封存量总计达 2.4 亿吨，尽管目前仅占全球当前 CO_2 排放量的 0.6%，但增长势头强劲。以亚洲碳捕集与封存枢纽（ACCS）为例，该项目由日本、印度尼西亚与马来西亚联合打造，年封存规模 50 万吨，随着后续二期、三期工程规划推进，规模将进一步扩大。众多类似项目的持续落地与扩容，预示着 CCUS 产业正逐步从示范阶段迈向规模化商业应用阶段，为全球碳减排目标的实现注入强劲动力。

（二）地缘经济重构

CCUS 合作正深刻改变全球地缘经济格局，碳封存资源俨然成为新的战略资产。挪威、美国、中国凭借丰富的地质资源与先进技术，占据全球 60% 的封存潜力。挪威依托北海地区优越的地质条件，建设多个大型封存项目，如北极光项目，不仅实现本国减排目标，还通过跨境运输为德国、荷兰等国提供封存服务，成为欧洲碳减排的关键枢纽，借此提升其在欧洲能源市场的话语权。

东南亚、中东等地区凭借自身独特优势，正崛起为新兴合作热点。东南亚拥有广袤的海上封存空间，且区域内工业发展对 CCUS 技术需求迫切，如印度尼西亚、马来西亚等国的油气、化工产业在生产过程中排放大量 CO_2，急需有效的减排手段。通过与国际伙伴合作，东南亚地区吸引大量资金与技术，加速 CCUS 项目落地，推动区域经济向绿色低碳转型。中东地区同样如此，一方面，其石油、天然气产业规模庞大，在 CCUS 技术应用方面具有天然优势；另一方面，中东国家积极寻求经济多元化发展路径，CCUS 项目有助于提升资源利用效率，减少碳排放，契合其可持续发展战略，吸引了雪佛龙公司、埃克森美孚公司等国际能源巨头布局合作。

（三）未来发展方向

1. 全球碳治理联盟

未来，由 G20 牵头构建全球碳治理联盟将成为推动 CCUS 全球合作的关键举措。该联盟将肩负起制定技术转移、资金分配规则的重任，确保 CCUS 技术与资金能够在全球范围内合理流动。在技术转移方面，联盟将搭建高效的技术共享平台，促进发达国家向发展中国家转移先进的 CCUS 技术，如美国、欧盟的碳捕集与封存技术，帮助发展中国家提升技术水平，避免重复研发，加速全球碳减排进程。在资金分配上，联盟将整合各国公共资金、国际金融机构资金以及社会资本，依据各国减排需求与项目潜力，制订公平合理的资金分配方案，确保资金精准投入最具价值的 CCUS 项目中。同时，建立跨境碳信用统一认证体系，消除各国碳信用标准差异，促进碳信用在全球市场的流通，提升碳资产价值，激发各国参与 CCUS 项目的积极性。

2. 数字协作平台

随着数字技术的飞速发展，元宇宙技术将为跨国 CCUS 项目带来全新的协作模式。借助元宇宙技术，跨国 CCUS 项目团队可实现实时协作，打破地域限制。在项目选址环节，通过构建虚拟封存场勘察环境，工程师能够在虚拟空间对不同地区的地质构造、地形地貌进行全方位模拟分析，相较于传统实地勘察，可将选址周期缩短 50%。例如，某跨国 CCUS 项目团队在规划非洲某封存项目时，利用元宇宙技术，来自不同国家的专家在虚拟环境中共同开展勘察工作，实时交流意见，快速筛选出最佳选址方案，大幅提高项目前期筹备效率。在项目建设与运营阶段，元宇宙技术可实现远程实时监控与故障诊断，降低运维成本，提升项目运营稳定性。

3. 社会价值共创

社区股权计划等创新模式将成为提升公众参与度、降低项目落地阻力的重要手段。以加拿大原住民持股模式为例，在 CCUS 项目规划阶段，充分尊重原住民权益，让其以土地、劳动力等资源入股项目，成为项目利益相关方。原住民凭借对当地土地、文化的深入了解，深度参与项目决策，从项目设计到运营管理，都能融入本土智慧与需求。这种模式使原住民从项目建设的旁观者转变为积极参与者，分享项目收益，提升其生活质量与经济发展水平。同时，项目方借助原住民的支持，能够更好地应对社区舆论、土地使用等问题，减少项目推进过程中的阻力，实现项目与社区的和谐共生，为全球 CCUS 项目在涉及社区利益时的推进提供可借鉴的范例，促进社会价值与环境价值、经济价值的协同共创。

十二、未来发展需要全球合作

国际与跨行业合作通过资源整合、风险共担和技术共享，显著推动 CCUS 技术降本增效与规模化应用。未来需强化全球治理框架、数字技术赋能及社会价值共创，以实现 CCUS 从示范到主流减排工具的跨越，助力全球碳中和目标达成。

第六章

未来展望

第一节　政策层面：从国家举措到全球管理

一、碳定价机制趋同

随着全球气候变化问题日益严峻，各国政府和国际组织都积极探索有效的碳减排策略。在这样的背景下，全球各国的碳价将通过一个名为“碳俱乐部”的创新机制逐步实现接轨。“碳俱乐部”类似于一个多边合作平台，各国通过协商、合作，共同制定碳价调整策略与机制。预计到 2035 年，全球平均碳价有望上升至 150 美元 / 吨。价格的提升，将为碳捕集、利用与封存（CCUS）项目带来稳定且丰厚的收益预期。以欧洲某 CCUS 项目为例，当前碳价较低时，项目虽有收益，但不足以支撑大规模扩张；随着碳价逐步上涨，项目收益将显著增加，吸引更多资本投入，加速项目的技术升级与规模拓展。

欧盟碳边境调节机制（CBAM）作为一项具有重大影响力的政策工具，正促使出口国加速部署 CCUS 技术。CBAM 要求进口商品需按照欧盟的碳排放标准缴纳碳关税，这无疑给出口国带来巨大压力。中、美、印等贸易大国为避免贸易损失，将积极行动起来，建立区域性碳市场联盟。通过整合区域内资源，统一碳市场规则，提升区域整体的碳减排能力与国际竞争力。例如，中国可联合东盟国家，依托自身在 CCUS 技术研发与项目实践方面的优势，与东盟国家丰富的封存资源相结合，打造区域碳市场联盟，共同应对欧盟 CBAM 带来的挑战。这样的合作不仅有助于推动全球碳定价机制的趋同，也将为各国带来经济与环境的双重收益。

二、封存资源地缘化

挪威、美国、中国等国家，拥有丰富封存资源，将在全球碳捕集、利用与封存（CCUS）的发展中扮演至关重要的主导角色。它们将主导并制定《跨境碳封存协议》。这些国家利用自身独特的地质条件，例如，挪威的北海地区、美国的中西部地区以及中国的部分盆地，拥有大量适合二氧化碳（CO_2）封存的地下空间。类似于石油输出国组织（OPEC），一个掌控全球70%以上封存容量定价权的“碳封存输出国组织”（COSEC）极有可能诞生。该组织将通过协调成员国的封存政策、产能规划等，对全球碳封存市场进行有效调控，保障成员国在碳封存领域的利益最大化。例如，COSEC 可以根据全球碳减排需求与市场动态，合理安排成员国的封存配额，稳定全球碳封存服务价格，避免因市场无序竞争导致价格波动过大，影响 CCUS 产业的健康发展。

三、技术标准统一

国际标准化组织（ISO）与国际电工委员会（IEC）将共同发布全球通用的 CCUS 技术认证体系，该体系将对 CCUS 技术的各个关键环节进行规范。在捕集效率方面，明确要求达到≥95%，这意味着 CCUS 项目须具备高效的 CO_2 捕集能力，以确保从工业排放源中尽可能多地捕获 CO_2。在封存监测精度上，规定泄漏率＜0.01%/年，严格保障封存过程的安全性，防止 CO_2 泄漏对环境造成危害。通过统一技术标准，将打破各国之间的技术贸易壁垒，促进 CCUS 技术在全球范围内自由流通与合作。以跨国 CCUS 项目合作为例，在技术标准统一前，不同国家的企业因技术标准差异，在合作过程中面临诸多障碍，如设备兼容性问题、技术对接难题等；而有了统一标准后，各国企业可依据标准进行设备选型、技术设计，大大降低合作成本，加速项目推进，提升全球 CCUS 项目的建设与运营效率。

四、强制减排

在电力、钢铁、水泥等碳排放大户行业，实施 CCUS 配额制。这一制度明确要求碳排放大户行业在 2040 年前需捕集 90% 的碳排放。以电力行业为例，火力发电企业将被强制要求安装 CO_2 捕集设备，对发电过程中产生的大量 CO_2 进行捕集。若企业未能达到配额要求，将面临高额罚款或其他严厉处罚；而超额完成捕集任务的企业，则可获得额外奖励，如优先发电权、税收减免等。通过奖惩分明的机制，促使高排放行业积极采用 CCUS 技术，实现深度减排，推动行业绿色低碳转型。

五、金融创新

为了推动 CCUS（碳捕集、利用与封存）产业的发展，建议设立一个专门的国家 CCUS 发展银行，为 CCUS 项目提供强有力的资金支持，确保这些项目能够顺利进行。通过发行 30 年期的专项国债，政府能够筹集到大量资金，并将这些资金定向投入 CCUS 项目中。此外，国家 CCUS 发展银行还将提供利率低于 4% 的低息贷款，这将显著降低企业的融资成本。对于那些前期投资巨大、回报周期较长的 CCUS 项目，如大型二氧化碳封存基地的建设项目，低息贷款能够有效缓解企业的资金压力，使企业能够拥有足够的资金来开展项目建设和进行技术研发，从而增强企业参与 CCUS 项目的积极性，推动整个产业向规模化发展迈进。

六、市场激励

为了进一步激励市场参与 CCUS 项目，建议将 CCUS 减排量纳入全国碳市场交易体系。政策上允许 1∶1.5 的抵扣比例，意味着每捕集并封存 1 吨二氧化碳，就可以抵消 1.5 吨的碳排放配额。这样的政策为企业带来了直接的经济利益。企业通过实施 CCUS 项目，不仅能够减少自身的碳排放量，还可以将多余的减排量在碳市场上出售，从而获得额外的经济收益。例如，一家钢铁企业通过建设CCUS项目，成功捕集并封存了一部分碳排放，所产生的CCUS减排量可以在全国碳市场上进行交易，为企业创造额外的收入。同时，如果企业自身碳排放配额不足，可以通过购买其他企业的CCUS减排量来满足合规要求，优化资源配置，提升企业参与CCUS项目的市场动力。

七、公众参与

为了鼓励公众参与CCUS项目的监督，可以推行“社区碳账户”机制。通过这一机制，居民参与监督CCUS项目的运行，如进行日常巡查、反馈异常信息等，可以获得碳积分奖励。这些碳积分可以用来兑换公共交通优惠、电价折扣等福利。这种做法不仅能提高公众对CCUS项目的认知度和参与度，而且让公众切实感受到参与环保行动带来的实惠。在一些CCUS项目周边的社区，居民通过参与监督活动获得的碳积分，可以用来兑换公交月票，这不仅降低了他们的出行成本，还增强了社区居民对CCUS项目的认同感和支持度，为项目的顺利运行营造了良好的社会环境。

八、案例前瞻

预计中国将在2030年发布《CCUS促进法》，这将是我国CCUS产业发展的一个重要里程碑。该法律将确立一系列关键制度，例如，封存空间的国有化，明确地下封存空间归国家所有，国家可以对其进行统一规划和管理，以避免因权属不清导致的资源浪费和无序开发。同时，将实施企业封存权有偿使用制度，企业必须通过合法途径获取封存权，并支付相应的费用，这有助于规范市场秩序，提高资源利用效率。此外，法律还将规定封存责任期为50年，明确企业在封存期内对二氧化碳封存安全的责任，确保封存项目长期稳定运行。这些举措将解决当前 CCUS 项目在权属、责任界定等方面存在的瓶颈问题，为我国 CCUS 产业健康、可持续发展提供坚实的法律保障。

第二节　技术维度：从单一突破到系统融合

一、捕集技术革命性迭代

在碳捕集、利用与封存（CCUS）技术体系中，捕集技术的革新对于提升整体效率、降低成本起着至关重要的作用。未来，新一代溶剂材料将引领胺法捕集技术实现重大突破。金属有机框架（MOFs）与离子液体相结合，有望彻底改变传统胺法捕集的能耗与成本困境。MOFs 材料具有超高的比表面积和可调控的孔道结构，能够高效吸附 CO_2，而离子液体则以其极低的蒸气压和良好的化学稳定性，为 CO_2 的吸收与解吸过程提供温和且高效的环境。二者协同作用下，胺法捕集能耗有望从当前的 4GJ / 吨大幅降至 1.8GJ / 吨，成本降低幅度可达 60%。这一突破将使胺法捕集在工业应用中更具经济可行性，例如，在大型燃煤电厂，可显著降低捕集系统的运行成本，提高 CCUS 项目的整体经济效益。

仿生膜技术作为另一种极具潜力的捕集路径，从大自然中汲取灵感。红树林根系具有选择性渗透特性，能够在复杂的海水环境中吸收水分与养分，同时阻隔有害物质。科研人员模仿这一原理开发出仿生膜，可实现烟气中 CO_2 在常温常压下的高效分离。与传统捕集设备相比，基于仿生膜技术的设备体积可缩小 80%，不仅节省了大量的设备安装空间，降低了设备制造与维护成本，还能提高捕集系统的集成度与灵活性，特别适用于空间有限的工业场所，如城市中的小型化工厂或分布式能源站，为 CCUS 技术的广泛应用开辟新的空间。

光催化直接捕集技术则开启了利用太阳能进行 CO_2 捕集与转化的新篇章。基于钙钛矿量子点的光催化材料，在太阳光照射下能够激发电子－空穴对，将低浓度 CO_2（<5%）直接转化为甲酸等有价值的化学品。这种捕集－转化一体化技术效率可达 35%，在实现碳减排的同时，创造了额外的经济价值。以农业温室大棚为例，大棚内 CO_2 浓度通常较低，利用光催化直接捕集技术，可将大棚内多余的 CO_2 转化为甲酸，用于农业生产中的肥料或饲料添加剂，既改善了大棚内的微环境，又增加了农业生产的附加值，实现了节能减排与产业增值的双重目标。

二、封存技术安全升级

随着 CCUS 项目规模的不断扩大，封存技术的安全性与可靠性成为关注焦点。智能监测网络将成为保障封存安全的关键手段。分布式光纤传感（DAS）技术能够实时监测封存层的微小形变，通过在地下封存区域铺设光纤，当封存层出现毫米级形变时，光纤中的光信号会发生变化，从而精准定位异常位置。结合合成孔径雷达干涉（InSAR）卫星遥感技术，可从宏观层面监测大面积封存区域的地表形变情况，二者相辅相成，使泄漏预警准确率超 99.9%。在某大型陆地封存项目中，智能监测网络实时反馈封存层的状态，提前发现一处潜在的泄漏风险点，及时采取补救措施，避免了 CO_2 泄漏对环境造成的危害，保障了项目的长期稳定运行。

自修复封存材料的研发为封存安全提供了一道坚固的“防护盾”。将含有微生物矿化菌的封存液注入封存层，当出现泄漏时，微生物矿化菌会在泄漏处迅速繁殖，并利用周围环境中的矿物质生成碳酸盐岩，自动堵塞裂缝，有效阻止 CO_2 进一步泄漏。与传统的人工修复方式相比，自修复封存材料可将封存安全性提升百倍，大大降低了维护成本与环境风险。例如，在海底封存项目中，由于海底环境复杂，人工修复难度大、成本高，自修复封存材料能够在无人干预的情况下，及时应对泄漏问题，确保海底封存的长期安全性。

深海封存作为一种新兴的封存方式，具有巨大的潜力。中国“蛟龙”号团队正在南海 3000 米深海平原开展超临界 CO_2 封存试验。在深海高压低温环境下，CO_2 将处于超临界状态，其密度与液体相近，黏度与气体相似，具有良好的流动性与溶解性，能够实现永久相态稳定。通过在深海平原特定地质构造中注入超临界 CO_2，利用海底地层的天然屏障，将 CO_2 长期封存于海底深处，减少对陆地生态环境的潜在影响。这一技术若取得成功，将为我国乃至全球提供广阔的封存空间，有效缓解碳排放压力，推动 CCUS 技术向更安全、更高效的方向发展。

三、利用技术价值跃迁

CO_2 的资源化利用是 CCUS 技术实现价值最大化的关键环节。在能源领域，西门子能源与汉莎航空合作开发的“Power－to－Liquid”（“能量转化为液体”）技术，为解决航空业碳排放难题带来曙光。该技术利用绿电将 CO_2 转化为航空煤油，与传统的锂电池相比，其能量密度高 30 倍，能够满足飞机长距离、高负荷飞行的能源需求。预计到 2035 年，该技术生产的航空煤油成本有望降至 1.2 美元／升，随着成本的降低，将逐渐在航空市场中占据一席之地，推动航空业向低碳、可持续方向转型，减少对传统化石燃料的依赖，降低碳排放。

生物制造领域正经历着一场由 CO_2 利用技术引发的革命。合成生物学公司 Ginkgo Bioworks 设计的人工菌株，具备将 CO_2 直接转化为可降解塑料 PHA（聚羟基脂肪酸酯）的能力。PHA 作为一种环境友好型材料，在自然环境中可被微生物分解，不会像传统石油基塑料那样造成白色污染。与石油基塑料相比，利用 CO_2 生产 PHA 的成本可降低 40%，不仅为塑料行业提供了一种绿色、低成本的原材料选择，还实现了 CO_2 的高效固定与资源化利用。在包装、医疗等领域，PHA 基塑料制品的应用前景广阔，将有力推动相关产业的绿色升级，减少塑料废弃物对环境的危害。

太空探索与地球应用之间的技术互动也为 CO_2 利用带来新的思路。NASA 资助的“火星制氧”项目，旨在利用火星大气中 95% 的 CO_2 通过固态氧化物电解（SOEC）制备氧气，为未来人类在火星的长期居住与探索提供保障。这一技术在火星上的成功应用，反哺地球 CCUS 技术发展。在地球上，可借鉴“火星制氧”技术原理，将工业排放的 CO_2 转化为氧气与其他有价值的化学品，拓展 CO_2 利用的途径与范围，实现资源的循环利用，为地球生态环境带来积极影响。

第三节　经济维度：从成本中心到价值引擎

一、成本下降曲线的急剧变化

技术进步与规模效应的双重作用，正推动 CCUS 成本急剧下降，这对于将 CCUS 从高成本的边缘技术转变为大规模商业应用具有决定性意义。在捕集环节，以燃煤电厂为例，燃烧后捕集成本正经历显著的下降过程。目前，燃煤电厂燃烧后捕集成本约为 80 美元/吨，预计到 2035 年，这一数字将大幅降至 35 美元/吨。这一下降趋势与 2010—2020 年风光发电成本下降 70% 的情况极为相似，其核心驱动力在于技术的持续创新与规模化部署。新型捕集材料与工艺不断涌现，如金属有机框架（MOFs）与离子液体结合的胺法捕集技术，显著降低了能耗，提高了捕集效率，从而削减了成本。同时，随着越来越多的燃煤电厂采用先进捕集技术，规模化生产带来的成本优势逐渐显现，设备制造、安装与运维成本均得到有效控制。

封存成本同样展现出显著的下降趋势。作为目前应用较为广泛的封存方式，咸水层封存成本有望从当前的 50 美元/吨降至 20 美元/吨。挪威北极光项目便是一个成功案例，该项目通过建设封存枢纽，实现了基础设施共享，使单位投资降低了 40%。在北极光项目中，多个工业排放源的 CO_2 通过统一的运输管网汇集至封存枢纽，再集中注入咸水层封存。这种规模化、集中化的运作模式，有效分摊了运输管道铺设、封存场地建设以及监测设备安装等成本，极大地提升了封存环节的经济性。随着更多类似封存枢纽项目的规划与建设，咸水层封存成本将进一步降低，为 CCUS 项目的大规模推广提供有力支撑。

在利用环节，CO_2 基产品附加值的提升正逐步改变 CCUS 项目的经济效益。以合成钻石为例，其价格已攀升至石油基产品的 3 倍，且凭借“负碳”属性，具备显著的溢价优势。合成钻石的生产过程中，利用 CO_2 作为碳源，不仅实现了 CO_2 的资源化利用，还赋予产品独特的环保价值。消费者对于可持续产品的青睐，使得“负碳”合成钻石在市场上备受追捧，价格居高不下。除合成钻石外，CO_2 合成可降解塑料、CO_2 基燃料等产品的市场价值也在不断提升，随着技术成熟与市场接受度提高，这些 CO_2 基产品将成为 CCUS 项目新的利润增长点，有力推动 CCUS 产业从单纯的成本支出向价值创造转变。

二、商业模式创新的爆发

碳即服务（CaaS）模式的兴起，为企业参与 CCUS 项目提供了一种全新的、低门槛的选择。这一模式类似于云计算，企业无须自行投资建设昂贵的 CO_2 捕集与封存设施，只需按照实际捕获封存量付费。Aker Carbon Capture 公司的“捕集即服务”模式已在欧洲取得显著成效，目前已覆盖欧洲 30 个工业站点。在这些站点中，Aker Carbon Capture 公司负责建设、运营与维护捕集设施，为企业提供一站式的 CO_2 捕集服务。企业只需根据自身的排放情况，购买相应的捕集服务量，即可轻松实现碳减排目标。这种模式不仅减轻了企业的前期投资压力，降低了技术与运营风险，还提高了 CCUS 服务的专业化水平，促进了 CCUS 技术的快速推广与应用。

全球首个封存权交易所即将在美国得克萨斯州成立，这将为 CCUS 产业注入新的活力。交易标的为地下空间使用权，目前 1 吨封存权价格约为 8 美元，预计到 2040 年，该市场规模将达到万亿美元级别。在这一交易平台上，拥有地下封存空间资源的所有者可以将其使用权出售给需要进行 CO_2 封存的企业或项目方。对于资源所有者而言，这为其闲置的地下空间资源创造了经济价值；对于 CCUS 项目方，则提供了一种便捷获取封存空间的途径，同时通过市场机制，实现了封存空间资源的优化配置。例如，某能源企业在得克萨斯州拥有大片未开发的地下盐穴资源，通过在封存权交易所出售使用权，获得了可观的收入；而一家化工企业则通过购买封存权，顺利为其 CCUS 项目找到了合适的封存场地，推动 CCUS 项目顺利实施。

碳金融衍生品市场将迎来爆发式增长。碳期货、碳期权与碳互换合约规模将从当前的千亿美元级迅速增长至 2030 年的 5 万亿美元。这些金融工具为 CCUS 项目提供了有效的风险管理与收益提升手段。CCUS 项目收益的 40% 将来自金融工具对冲，通过合理运用碳期货，项目方可锁定未来碳价，规避价格波动风险；碳期权则赋予项目方在特定条件下选择是否执行交易的权利，增加了交易的灵活性；碳互换合约可帮助项目方调整资产负债结构，优化资金流。例如，某 CCUS 项目预计在未来一年内捕获大量 CO_2 并出售碳信用，但担心碳价下跌影响收益，通过购买碳期货合约，提前锁定了有利的碳价，确保了项目收益的稳定性。

三、产业重构与新兴企业的崛起

传统能源巨头正积极转型，将 CCUS 作为企业未来发展的核心战略之一。埃克森美孚公司计划到 2040 年将 50% 的资本开支投向 CCUS 领域，旨在打造“负碳石油”品牌。通过在石油开采、炼化等环节引入 CCUS 技术，埃克森美孚公司一方面降低了自身的碳排放，提升了企业的环境形象；另一方面，利用捕集的 CO_2 进行驱油作业，提高了石油采收率，增加了石油产量。同时，“负碳石油”概念的推出，迎合了市场对低碳能源的需求，有望提升产品的市场竞争力，为企业开拓新的市场空间。中石油集团也在积极布局 CCUS 项目，规划建设松辽盆地 CCUS 枢纽，该枢纽建成后年封存能力将达 1 亿吨。这一项目将整合中石油集团在东北地区的能源生产与加工设施，实现 CO_2 的集中捕集、运输与封存，推动区域能源产业的绿色转型，为中石油在低碳时代的可持续发展奠定坚实基础。

新兴企业正凭借创新技术与商业模式，在 CCUS 领域迅速崛起，颠覆传统产业格局。直接空气捕集（DAC）公司 Carbon Engineering 便是其中的佼佼者，其估值已突破 200 亿美元。该公司开发的集装箱式捕集装置具有独特优势，可灵活部署于城市屋顶等空间，开创了分布式 CCUS 新模式。在城市环境中，工业与交通排放源分散，传统集中式捕集方式难以有效覆盖。Carbon Engineering 的集装箱式装置能够就地捕获空气中的 CO_2，不受排放源位置限制，且占地面积小，安装便捷。这一创新模式为城市碳减排提供了全新解决方案，吸引了大量资本关注与市场订单，成为 CCUS 领域的新兴力量。

跨界玩家的入局，为 CCUS 产业发展带来了新的思路与活力。特斯拉公司申请了“移动式 CO_2 捕集车”专利，利用电动汽车电池余电运行小型捕集装置，每辆车年捕获量可达 2 吨。在交通领域，电动汽车的普及产生了大量闲置电池容量，特斯拉巧妙地将其与 CO_2 捕集技术相结合。捕集车可在行驶过程中，利用尾气排放口附近的捕集装置捕获 CO_2，实现移动源的碳减排。这一创新应用不仅拓展了电动汽车的功能边界，还为交通领域的 CCUS 应用开辟了新方向，展现了跨界融合在推动 CCUS 技术发展与应用方面的巨大潜力。

第四节　全球 CCUS 发展路线图（2025—2050 年）

一、近期（2025—2035 年）：规模化突破期

全球年捕集能力预计将从 4 500 万吨激增至 8 亿吨，重点突破低浓度二氧化碳捕集技术。中国“黄河几字弯”枢纽通过整合煤化工、电力等 12 个排放源，构建年封存 1 亿吨的超大型集群；美国休斯敦碳枢纽则依托密西西比河运输网络，连接墨西哥湾沿岸 50 个工业点源。在关键技术领域，生物矿化封存成本预计将降至 15 美元/吨，电催化转化技术实现二氧化碳到甲醇的规模化生产，支撑全球 5% 的工业排放脱碳。

二、中期（2035—2045 年）：负排放主导期

年捕集量预计将突破 25 亿吨，生物能源与碳捕集封存（BECCS）、直接空气捕集（DAC）技术将贡献半数负排放量。非洲刚果盆地将建成全球最大 BECCS 枢纽，利用热带雨林生物质资源实现年封存 5 亿吨；撒哈拉沙漠边缘的太阳能 DAC 农场通过光催化技术，日均捕集二氧化碳量相当于 50 万公顷森林的固碳能力。监测技术的革新尤为关键，海洋封存机器人集群可实时追踪二氧化碳羽流扩散，将泄漏风险控制在 0. 01% 以下。

三、远期（2045—2050 年）：碳中和实现期

年捕集能力预计将突破 50 亿吨，彻底抵消能源、航空等“难减排”

领域的剩余排放。近地轨道太阳能 CCUS 卫星将通过激光冷却技术直接清除大气二氧化碳，月球永久阴影区的冷阱封存试验则探索地外碳管理可能性。能源供给的革命性突破将重塑技术路径，核聚变供能的 CCUS 系统使捕集成本降至 5 美元/吨以下，跨星球碳循环网络开始进入工程验证阶段，为人类文明的星际扩展奠定生态基础。

第五节　CCUS 与人类文明的未来

CCUS 技术的突破不仅是工业革命的延续，更是人类文明认知范式的根本性转变。当我们将目光投向地质时间尺度，这项技术正在重构碳元素在地球系统中的循环逻辑——从工业文明对碳基能源的单向索取，转向对碳循环的系统性驾驭。正如古代文明通过水利工程驯服河流，当代人类正以 CCUS 为工具，试图在能源需求与生态阈值之间建立动态平衡。这种转变不仅需要技术创新，更要求文明价值观的深刻革新：从征服自然的单向思维，转向与地球系统共生共荣的伦理自觉。

在技术层面，CCUS 正从实验室走向星际空间。中国“齐鲁石化－胜利油田”百万吨级项目的建成，标志着工业碳捕集技术进入规模化应用阶段；美国休斯敦碳枢纽通过密西西比河运输网络，将工业排放与地质封存连成生态闭环；德国拜耳材料科学公司用二氧化碳合成聚氨酯，日本研发出二氧化碳转化为药物中间体的催化剂，这些突破正在改写“碳即污染”的传统认知。更具想象力的是，2050 年规划中的近地轨道太阳能 CCUS 卫星，将首次实现对大气碳浓度的主动调控，这种跨越行星边界的技术实践，预示着人类正从地球生态的被动适应者转变为主动设计者。

文明演进的深层动力，在于对资源约束的创造性回应。CCUS 迫使人类重新定义“发展权”：当加拿大原住民社区通过碳信用收益建设清洁能源设施，当欧盟公民通过 App 将家庭减排与区域封存直接关联，传统工业文明的“资源诅咒”正在转化为“碳资产红利”。这种转变的本质，是将碳排放权从经济活动的外部成本内化为可管理的生态资本。正如古代丝绸之路通过贸易网络实现资源再分配，当代 CCUS 技术正构建起跨越国界的

“碳循环经济圈”，在技术共享与利益分配中孕育新的全球治理模式。

站在人类文明的十字路口，CCUS 技术承载着超越技术范畴的历史使命。它要求我们在能源革命与生态修复之间寻找黄金平衡点，在技术创新与伦理约束之间建立动态张力。当我们的后代回望这个世纪，或许会将 CCUS 视为文明跃迁的关键枢纽——它不仅封存了过量的二氧化碳，更封存了工业文明的生态负债；它不仅实现了碳的循环利用，更重塑了人类与地球的共生关系。这场变革没有旁观者，唯有将技术理性与生态智慧相融合，让个体行动与全球协作同频共振，才能共同书写属于全物种的“生命碳中和”史诗。

参考文献

[1]王珊珊．碳交易与碳市场[M]．北京:经济管理出版社,2024.

[2]戴彦德,康艳兵,熊小平,等．碳交易制度研究[M]．北京:中国发展出版社,2014.

[3]蓝虹．碳交易市场概论[M]．北京:中国金融出版社,2022.

[4]尹文婧．中国应对气候变化的思考[M]．北京:中国商务出版社,2021.

[5]中华人民共和国国务院新闻办公室(发布)．中国应对气候变化的政策与行动[M]．北京:外文出版社,2008.

[6]董颖男,唐坚,唐美玲．碳捕集、利用与封存(CCUS)技术教程[M]．北京:中国发展出版社,2014.

[7]宋永臣,张毅,刘瑜．二氧化碳封存利用[M]．北京:科学出版社,2023.

[8]刘禹辰,马丽萍,杨杰,等．黄磷炉渣综合利用技术现状与发展趋势[J]．昆明:云南化工,2024(9).

[9]王平尧．黄磷炉渣综合利用技术现状与发展趋势[J]．上海:化工催化剂及甲醇技术,2008(1).